U0236802
站在巨人的肩上
Standing on Shoulders of Giants
TURING
图灵教育
iTuring.cn

站在巨人的肩上

Standing on Shoulders of Giants

TURING

图灵教育

iTuring.cn

TURING 图灵程序设计丛书

128个编码好习惯

这样编码才规范

[韩] 朴晋锈 著　才璐 译

人民邮电出版社
北京

图书在版编目(CIP)数据

这样编码才规范：128个编码好习惯 /（韩）朴晋锈著；才璐译. -- 北京：人民邮电出版社，2018.3
（图灵程序设计丛书）
ISBN 978-7-115-47301-1

Ⅰ. ①这… Ⅱ. ①朴… ②才… Ⅲ. ①计算机网络－编码程序－程序设计 Ⅳ. ① TP393

中国版本图书馆CIP数据核字（2017）第284376号

内 容 提 要

本书通过16个主题，收录了优秀程序员应当遵守的128项基本编码准则，涉及初期设计、间隔、缩进、标识符名称、运算符使用等多个方面，并附有大量参考网址及文献，帮助开发人员夯实基础，从规范的编码操作开始，培养良好的编码习惯，助力未来技术成长。

◆ 著　　[韩] 朴晋锈
译　　才　璐
责任编辑　陈　曦
责任印制　周昇亮

◆ 人民邮电出版社出版发行　　北京市丰台区成寿寺路11号
邮编　100164　　电子邮件　315@ptpress.com.cn
网址　http://www.ptpress.com.cn
北京隆昌伟业印刷有限公司印刷

◆ 开本：880×1230　1/32
印张：9.75
字数：234千字　　2018年3月第1版
印数：1–4 000册　　2018年3月北京第1次印刷

著作权合同登记号　图字：01-2016-1568号

定价：45.00元

读者服务热线：(010)51095186转600　印装质量热线：(010)81055316

反盗版热线：(010)81055315

广告经营许可证：京东工商广登字20170147号

版 权 声 明

声明

本书提出的诸多观点仅供参考，不必完全遵守。不同情况需要适用不同规则，不同价值观或组织文化也可能导致出现与本书观点背道而驰的情形。因此，没有必要将本书视为金科玉律，各位根据自身情况选择适合的内容即可。

前言

我是拥有多年程序员开发经验的技术作家，本书是我结合自己双重身份积累的经验编写而成的。虽然各种方法论一直层出不穷，但优秀的编码习惯并没有太大变化。因此，本书更专注于始终具备使用价值的优秀的编码习惯和方法。我参考相关书籍，将实际工作中间接接触的知识和主动思考的结论进行了系统分类和详细说明。

盖房子时，如果负责基础工作的泥瓦匠手艺不精又没有竭尽全力，房屋质量就不可能过关。即使后期有技艺精湛的装潢布局使得建筑物的外观精美绝伦，根基没有打好也会成为“豆腐渣工程”。同理，决定软件系统质量的就是编码工作，这就要求负责编码的程序员具有过硬的基本功。

培养具备优秀编码习惯的一流程序员是软件开发公司和学校的职责，不是我能够干预的。但编写并出版合适的工具书，为广大程序员的成长提供帮助，是我力所能及的事情。因此，我决定在此范围内最大限度发挥自身的光和热。

本书融入了很多经验丰富的程序员的多种观点，我要向提供这些观点的程序员——可以称为“黑客”或尊称为“专家”的优秀程序员——表达衷心的感谢。正是仰仗这些人的不懈努力和智慧结晶，我们编写的代码才能越来越精美、准确、高效。因此，我希望每位程序员都读一读这本书，也希望从事与编码工作相关业务的其他人员进行参考。

各位阅读本书时不必按照顺序逐章阅读。虽然与后半部分相比，前半部分更浅显易懂，但只要是写过代码的人，就都能够理解后半部分内容。因此，不必像阅读小说一样从头开始，各位挑选感兴趣的主题研读即可。

如果感到本书内容不够深入，末尾的附录部分给出了更多参考文献，供各位进行深度学习。但我认为，只要牢记本书收录的精髓并加以运用，就足以大幅提升效率。

我一直坚持为出版的每一本书写前言，这次也不例外。虽然现在刚刚完稿，身心俱疲，但我总是安慰自己，写前言就像是前进中留下的脚印。这次完成了这本关于编码风格的书，我又向前迈了一步，留下了一个脚印。但愿今天我留下的这个脚印能为后来人指引方向。

朴晋锈

2013 年 9 月

目录

第 1 章　基础知识概述

1.1　编码风格　2
1.2　编码风格教育缺失　3
1.3　打磨编码风格的时机　7
1.4　必须学习编码风格的原因　9
1.5　编码风格比数学或英语更重要　11
1.6　所有编程语言都需要编码风格　12
1.7　选择用 C 语言阐述编程风格的原因　14
1.8　编码风格有益于编译执行方式和混合执行方式　17
1.9　基于组件的软件开发方式与编码风格　20
1.10　码农的力量不容小觑　23
1.11　将编码惯例文档化以统一应用　24

第 2 章　程序设计相关编码准则

2.1　遵循最新标准　28
2.2　合理限制开发人员的规模　29
2.3　维护旧程序比开发新程序更常见　31
2.4　不要认为修改程序很容易　32
2.5　慎重采用新技术　34
2.6　不要采用 RAF 策略　36

第 3 章　间隔相关编码准则

3.1　一行只写一条语句　42
3.2　区分声明语句和执行语句　44
3.3　区分段落　46
3.4　区分各种控制语句　50
3.5　区分各函数　54
3.6　运算符前后需留出空格　61
3.7　不要在一元运算符与操作数之间插入空格　63
3.8　分号前不要插入空格　63
3.9　不要滥用 Tab 键　64
3.10　逗号后必须插入一个空格　65
3.11　逗号后不要插入太多空格　65
3.12　变量初始化时的列对齐　66
3.13　一行只声明一个变量　70

第 4 章　缩进相关编码准则

4.1　大括号的位置　74
4.2　统一大括号的位置　77
4.3　内部代码块需要缩进　78
4.4　输出部分需要缩进　81
4.5　不要毫无意义地缩进　84
4.6　保持缩进程度的一致性　86
4.7　选择合适的缩进程度　87
4.8　不要编写凸出形式的代码　88

第 5 章　注释相关编码准则

5.1　多种注释形态　92
5.2　区分单行注释和注释框　94
5.3　添加“变量字典编写专用注释”　98
5.4　向程序插入伪代码　100
5.5　通过注释标注程序目标　102
5.6　程序起始部分必须添加头注释　104
5.7　在等于运算符旁添加注释　110
5.8　在大括号闭合处添加注释　112
5.9　在函数内部添加详细介绍函数的注释　115
5.10　注释标记原则　116

第 6 章　标识符名称定义相关编码准则 I

6.1　系统化定义变量名　118
6.2　用匈牙利表示法命名变量　119
6.3　用变量名前缀表示变量数据类型　120
6.4　用变量名前缀表示变量存储类型　122
6.5　用函数名前缀表示函数功能　125
6.6　编写个人专属前缀　127

第 7 章　标识符名称定义相关编码准则 II

7.1　用有意义的名称命名　130
7.2　不要使用相似的变量名　131

7.3 在不影响含义的前提下尽可能简短命名 133
7.4 用下划线和大小写区分较长变量名 135
7.5 变量名不要以下划线开始 136
7.6 不要过度使用下划线 137
7.7 合理使用大小写命名标识符 139
7.8 不要滥用大小写区分 I 141
7.9 不要滥用大小写区分 II 142
7.10 不能用相同名称同时命名类和变量 143
7.11 用大写字母表示变量名中需要强调的部分 144

第 8 章 运算符相关编码准则

8.1 恰当应用条件运算符有助于提高可读性 146
8.2 不要凭借运算符优先级排列算式 147
8.3 指针运算符应该紧接变量名 148
8.4 慎选移位运算，多用算术运算 150
8.5 不要追求极端效率 151

第 9 章 编写清晰代码所需编码准则

9.1 不要投机取巧，应致力于编写清晰易懂的程序 154
9.2 切忌混淆 while 语句中关系运算符和赋值运算符的优先级 156
9.3 不要进行隐式“非零测试” 158
9.4 不要在条件表达式中使用赋值语句 159
9.5 避免产生副作用 161
9.6 函数原型中也要标注参数的数据类型 164

9.7　形式参数也需要命名　166
9.8　必须标注返回值的数据类型　168
9.9　留意结果值　169
9.10　在 for 语句等条件表达式中谨慎运算　171
9.11　大量使用冗余括号　172
9.12　如果 else 语句使用大括号，那么 if 语句也应该使用　175
9.13　函数末尾务必编写 return 语句　176

第 10 章　编写可移植代码所需编码准则

10.1　文件名不超过 14 个字符　178
10.2　不要在文件名中使用特殊字符　180
10.3　利用条件编译提高可移植性　181
10.4　了解编译器的限制　183
10.5　需考虑数据类型大小可能变化　185
10.6　不要指定绝对路径　186
10.7　可移植性和高效性二选一　187
10.8　用数组代替指针以提高可移植性　188
10.9　选择可移植性更好的编程语言　189
10.10　不要插入低级语言编写的代码　190

第 11 章　编写精确代码所需编码准则

11.1　计算机并不如想象得那么精确　192
11.2　需要进行精确计算时避开浮点数运算　193
11.3　double 型比 float 型更适合精确计算　194

11.4 确认整数型大小 197
11.5 必须明确计算单位 198
11.6 特别留意除法运算 200
11.7 尽量避免数据类型转换 203
11.8 精通编程语言的语法 205
11.9 留意可能出现的非线性计算结果 206

第 12 章 提升性能所需编码准则

12.1 重视性能，限制输出 210
12.2 用简单形式改写运算表达式 211
12.3 需要高效处理大文件时应使用二进制文件 212
12.4 了解并使用压缩 / 未压缩结构体优缺点 213
12.5 根据运行环境选择编程语言 216
12.6 根据情况选择手段 218
12.7 选择更优秀的数据结构 219

第 13 章 编写易于理解的代码所需编码准则

13.1 不要使用 goto 语句 222
13.2 不要替换 C 语言组成要素 224
13.3 缩短过长数据类型名称 226
13.4 使用 if 语句而非三元运算符 229
13.5 数组维数应限制在三维之内 230
13.6 考虑驱动函数 main 函数的作用 231
13.7 将常量替换为符号常量或 const 形态常量 233

13.8 考虑变量声明部分的顺序 234
13.9 尽可能不使用全局变量 236
13.10 遵循 KISS 原则 237

第 14 章 用户接口处理相关编码准则

14.1 确保保存输入值的变量足够大 240
14.2 转换说明符和参数个数应保持一致 241
14.3 使用 fgets() 和 sscanf() 函数而非 scanf() 函数 243
14.4 使用 fflush() 函数清空标准输入 / 输出设备缓冲 245

第 15 章 编写零漏洞代码所需编码准则

15.1 数组下标应从 0 开始 252
15.2 置换字符串时必须使用括号 254
15.3 文件必须有开就有关 255
15.4 不要无视编译器的警告错误 259
15.5 掌握并在编码时防止运行时错误 260
15.6 用静态变量声明大数组 265
15.7 预留足够大的存储空间 267
15.8 注意信息交换引发的涌现效果 268

第 16 章 提升生产效率所需编码准则

16.1 在对立关系中事先确定侧重于哪一方 272
16.2 慎重采用最新工具 273
16.3 记住所有标准库 274

16.4 最大程度划分模块 274
16.5 明确区分术语 276
16.6 明确区分结构体、枚举体、共用体 277
16.7 明确区分概念 278
16.8 明确区分对象、类、实例 279

附录

参考网站及搜索方法 281
主要参考文献 288
后记 I：从“图书出版”角度解读软件开发 289
后记 II：从码农到程序员 297

第1章

基础知识概述

1.1　编码风格

1.2　编码风格教育缺失

1.3　打磨编码风格的时机

1.4　必须学习编码风格的原因

1.5　编码风格比数学或英语更重要

1.6　所有编程语言都需要编码风格

1.7　选择用C语言阐述编程风格的原因

1.8　编码风格有益于编译执行方式和混合执行方式

1.9　基于组件的软件开发方式与编码风格

1.10　码农的力量不容小觑

1.11　将编码惯例文档化以统一应用

1.1 编码风格

编写代码可分为如下几个步骤。

代码编写过程

1. 认清问题。

2. 寻求解决问题的算法。

3. 用流程图或伪代码描述算法。

4. 用编程语言编写原始代码。

5. 编译源代码并生成目标代码。

6. 进行单元测试并修正错误。

其中的第 4 步，即编写源代码的工作一般称为编码（coding）。

图 1-1　编写代码的 6 个步骤

与编码风格（coding style）相似的概念还有编码规范（coding convention），可以翻译为“编程习惯”或“编程惯例”。拥有类似含义的词汇还有编码标准（coding standard）。

提示 编码

"编码"和"编程"的含义几乎相同，但严格地讲，"编程"是指开发应用程序的逻辑层面的工作，而"编码"可以理解为根据程序的逻辑、用特定的编程语言编写代码的工作。编写代码的过程中需要处理以下几个部分，针对各部分，程序员之间有约定俗成的处理方法，统称为"编码风格"，也可以称为"编码方式"。

1. 逻辑的表述方式
2. 算法的表述方式
3. 声明语句（Statement）的布局方式
4. 表达式（Expression）的表述方式

简言之，"编写原始代码的过程 = 编码风格"。

如果各位认为无法通过本书获得足够的编码风格相关信息，可以上网搜索更多资料，还可参考附录中给出的网址和相应的搜索方法。

1.2 编码风格教育缺失

我从码农（coder）做起，到成长为程序员（programmer），再到熟悉系统设计过程进而分析系统，始终苦心思考的都是编码风格。从使用 COBOL 语言编程开始，我对编码风格的关注从未停止。

> **提示** 码农和程序员的不同
>
> 可以独立找到问题解决方法并能将其转化为程序的人通常称为程序员，而不具备这种解题能力，只是将程序员找到的方法或给出的流程图或伪代码转化为特定编程语言的人称为码农。但本书一般不区分码农、程序员、开发人员。

有些程序员尽管资历很深，但仍然习惯用晦涩的方式编写代码。他们甚至毫无顾忌地使用 goto 语句，一再打乱程序流程，以至于日后都不能理解自己编写的那些代码，只得向我求助。

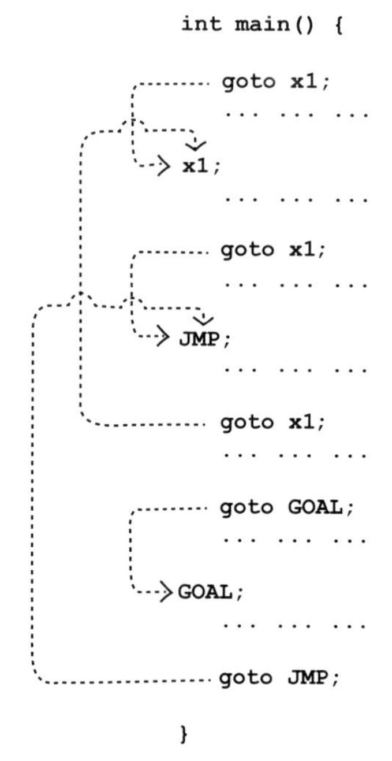

图 1-2　goto 语句导致代码逻辑混乱

我只能结合流程图和伪代码，了解程序流程后再向他们解释，并且要求他们遵循良好的编码风格，对代码进行重构。说起来这已经是十多年以前的事情了。

每每看到结构混乱、逻辑不清的程序，我就会想起这些事。虽然软件工程、结构化程序设计、面向对象程序设计等优秀的方法论现在风靡一时，但各类可读性差、可维护性差、效率低下的代码仍然层出不穷。

提示 **流程图**

流程图可以帮助人们明确掌握程序流程，但绘制流程图的时间往往比编写代码的时间还长。熟练的程序员即使没有流程图也可以轻松了解程序流程，而且最新的开发工具提供了比流程图更高效的分析工具。

伪代码

伪代码不是特定的编程语言，更像是用我们日常使用的语言表达程序逻辑。从某种意义上说，伪代码比程序本身能更好地阐述其逻辑。

程序员往往对自己的程序有一种盲目的自信。应届毕业生中，很多程序员都自我感觉非常良好，认为自己的代码毫无漏洞、十分稳定，在多种环境下都能顺利运行。

不仅如此，他们还认为逻辑错误、语法错误并不是什么严重的问题，只关心自己编写的代码，对于与其他程序交互时出现的系统错误毫不关注。

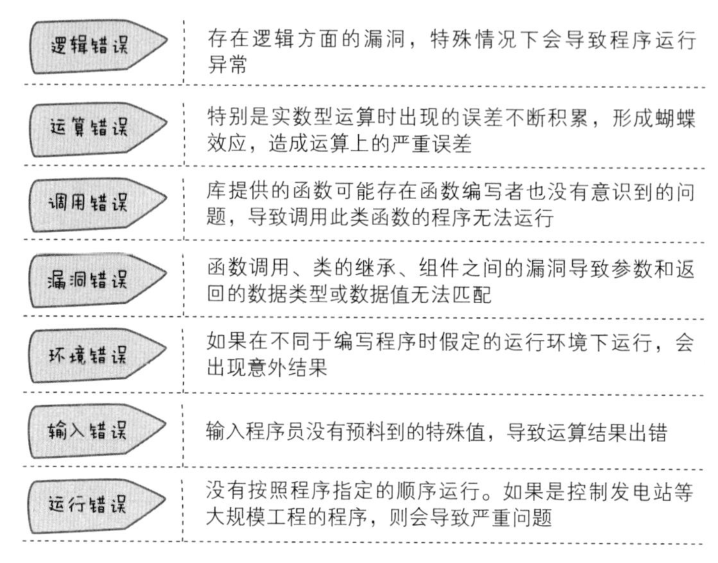

图 1-3　程序运行过程中可能发生的错误举例

程序员缺乏经验，出现这种情况在所难免。不过需要明确的是，大多数程序问题都源于程序员自身的失误。

这种类型的失误可能导致严重的问题，比如阿丽亚娜 5 号运载火箭由于代码错误导致初次发射就在空中爆炸、B-2 轰炸机的第一次飞行不得不被取消。另外，被设计为依靠计算机自动操纵的客船在与码头冲撞超过 12 次后，人们不得不投资 300 万美元将其改装为手动操纵。

程序员在大学接受了相当长时间的训练，进入职场后又在前辈程序员的指导下继续接受训练。尽管如此，程序员们——甚至是有数十年编程经验的“老手”——的代码仍然很难理解，经常毫无意义地浪费资源，用晦涩难懂的形式编写代码。

为什么这些人要写这些可读性差、可维护性差、效率低下的程序呢？在大型企业内部，良好的沟通是必备要素，那又是什么原因造成程序员们编写出这些可读性差到严重妨碍沟通的程序呢？

出现这些问题的原因多种多样，但最重要的是，开发人员没有经过充分训练，而且开发过程中没有遵循良好的编码习惯。

从我个人的经验看，即使是完成了研究生教育的程序员，其编码风格也乱七八糟。然而向其讲解隔行、缩进、划线、写注释等基础内容的话，又会伤害他们的自尊心。

为了使 IT 界不再需要为“编码风格”这种基础问题绞尽脑汁，学校在教育程序员时应该确保其能够达到更高标准。

开设软件工程专业的学校虽然很多，但强调编码风格重要性并将其设定为正规科目的学校非常少，大多数只是抽象而简单地介绍“可读性是什么”。

显然，学校并没有传授实际工作中切实需要的技能，正因如此，IT 界有说法称，“本科或硕士毕业的程序员应该在实际工作岗位上继续接受将近 3 年的训练”。

1.3 打磨编码风格的时机

虽然每个人成长为程序员的过程不尽相同，但一般来说，在 2 年制大专或 4 年制大学的计算机科学或计算机工程相关专业学习过的学生，才算准备好以程序员身份在社会生活中迈出第一步。

虽然有些人有能力将在学校学到的知识直接运用于公司实际开发的项目，但大多数人都需要大约 3 年的时间在公司锻炼基本功。这段时间主要用于熟悉团队协作方式、编写文档并进而沟通的方法、了解并遵守公司各项传统等。因此，这段时间内的程序员通常称为“码农”。

完成大约 3 年的训练后，“码农”基本可以开展符合“程序员”这一正式称号的业务。此时，非常优秀的程序员已经可以胜任系统模块的设计任务，但大部分程序员只能从事程序组件或系统组件算法的开发及编码工作。

到了程序员的第三年，人们应该具备设计系统模块的能力。从此开始，程序员会与系统架构师享受同等待遇。但一部分程序员可能需要花费更长时间才能成为系统架构师，有的人甚至大学毕业后用 10 年时间才能达成目标。

在系统架构师岗位积累 3 年左右的工作经验后，应该可以胜任系统分析师的工作，负责项目、分析整个系统并制定设计方案。虽然以这种资历成长为系统架构师的情况并不常见，但对于程序员而言，这已经可以称为“事业的顶峰”。

当然，在此之上还有“项目经理”一职。但韩国系统集成（SI）行业的惯例是，系统分析师和项目经理通常由同一人兼任。

系统架构师、系统分析师和项目经理几乎不参与实际的编码工作。当然，如果项目时间特别紧张，他们也会参与编码以加快项目进度。相反，码农和程序员几乎整天都要不停地编码，对他们而言，编码风格的重要性毋庸置疑。作为准码农的大学生们也必须熟练掌握编码风格。

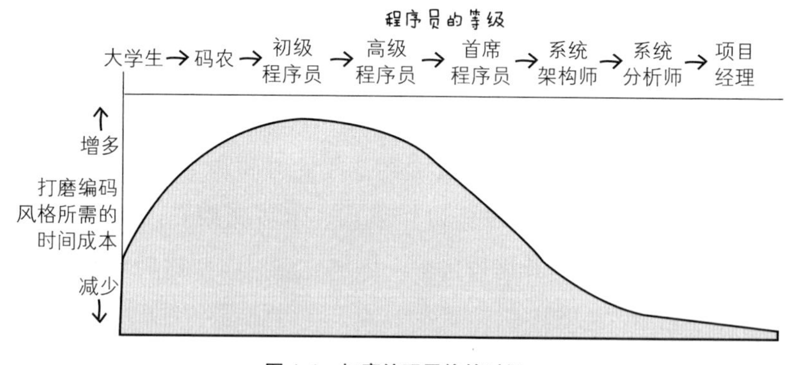

图 1-4　打磨编码风格的时机

1.4 必须学习编码风格的原因

那么，为什么要学习编码风格呢？下面将从 3 个方面回答。

编码风格的目标

1. 为了缩短开发时间；

2. 为了便于维护；

3. 为了编写零漏洞的完美程序。

这 3 个目标也是软件工程的目标。关于编码风格的研究是软件工程的一部分，所以显然需要像学习软件工程一样，投入相当多的时间学习编码风格。学校不能因为编码风格是软件工程课程的一部分就简单讲解，相反，应该将其定位为独立于软件工程的科目，投入更多时间进行传授。

即使使用软件工程其他方面的所有可提高效率的研究成果，也无法完全抵消编码风格导致的效率低下、工期延误、维护成本增加等问题带来的后果。因此，适当运用编码风格可以缩短开发时间，为 SI 企业创收。

小弗雷德里克 · 布鲁克斯在著作《人月神话》中提到，所有软件研发项目中，开发成本占总成本的比例仅为 20%，而维护成本占比高达 67%。

这种现象在行业中真实存在，“1 元中标”大型软件项目的情况比比皆是。即便如此，只要能够中标并且收到后续 67% 的维护费用，就完全可以创造更多收益。那么站在开发公司的立场看，如何在 67% 的维护成本上追求更高收益呢？只要干的活比收的钱少即可，即尽可能降低维护成本。

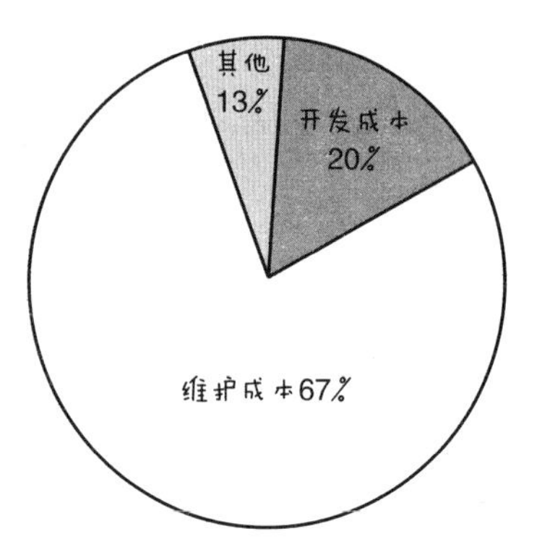

图 1-5 开发成本与维护成本的比较

此时，编码风格可以发挥巨大作用。实际的维护工作主要由完善现有程序、修改错误等组成，即使开发新功能，通常也可以通过对现有程序进行变形而实现。因此，只要现有程序是在严格遵守编码风格规则的基础上编写的，就可以大幅降低维护成本，进而提升开发公司的收益。

因为编码风格与公司收益有直接关联，所以 SI 行业的公司必须重视编码风格，并加大相关方面培训力度。公司制定完善方针并强制员工严格遵守，只有这样才能节省 SI 行业的主要收益源泉——维护成本。

写错一行代码就可能导致阿丽亚娜运载火箭爆炸事故、沉船事故或火车冲撞事故，考虑到这些实际存在的情况，我的观点就不是危言耸听的。不熟悉编码风格的程序员会使开发进度迟缓，由此造成航空公司数月间无法预约航班，遭受巨大的经济损失，或者为了修复国防相关软件而浪费数亿美元预算。为了防止类似情况再次出现，业界人士更加需要重视我上文提到的观点。

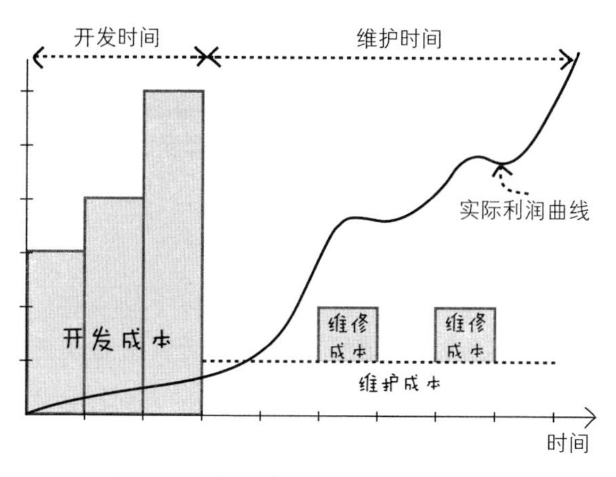

图 1-6　SI 行业的收益源泉是维护维修成本

1.5　编码风格比数学或英语更重要

一般人——甚至程序员自己——对编程都有偏见，其中最常见的就是“要成为程序员必须学好数学”。当然，学好数学和英语对编程大有裨益，但学好数学并不意味着一定能设计出好算法，而且并非所有程序都需要高难度算法。因此，学好数学并不是编写优秀程序的必要条件。反之，大部分程序的逻辑都相对简单，即使需要复杂算法，也可以通过调用现有函数实现。

大部分程序都只需要实现相对简单的逻辑，所以对于程序员来说，基本素养中更重要的应该是编码风格，而不是数学。我们很少遇到算法复杂导致程序可维护性差的情况，反而编码风格不规范导致维护耗时长的问题比比皆是。从经济效益看，掌握规范的编码风格更有意义，这也是为了全面提升编程行业的工作效率。

另一个误解是，程序员必须学好英语。英语技能当然是程序员的必备素质，因为我们经常需要参考最新的资料，这些资料通常是英文原版书籍。软件产业的发源地是美国，最新资料和程序范例的注释几乎全部是英文，编程语言的关键词也从英文单词而来。而且，程序员在各种技术论坛交流问题时，通用的语言也是英语。

但这并不意味着英语好的人就擅长编程，技术论坛里那些英语流畅、掌握话语权的人也并不一定都可以编写高效、顺畅的程序。

编码风格比英语更重要，程序员是用程序对话的，而不是用英语。就像能灵活运用英语、语法正确且会话流畅的人会得到认可一样，擅于编写遵循编码风格规则的优质代码的人同样会得到认可。即使一句英语都不会说，可以熟练编写程序的人也可以被认为是优秀的程序员。

我并不是说程序员们不用再学好数学和英语了，而是说与数学和英语相比，应该更努力地学习熟练掌握并灵活应用编码风格。

图 1-7　程序员必备技能

1.6　所有编程语言都需要编码风格

编程语言可按年代划分如下。

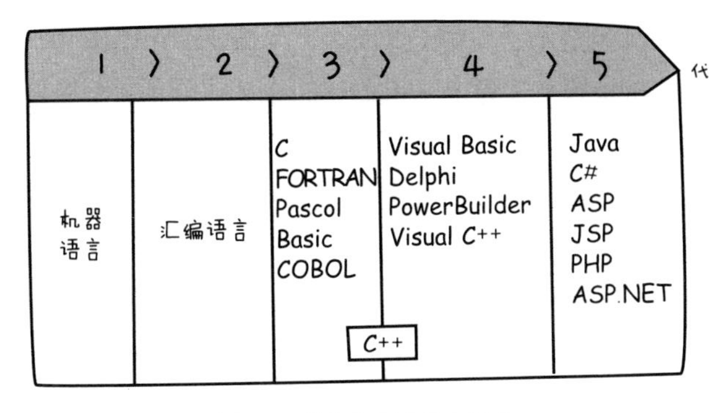

图 1-8 按年代划分编程语言

第 1 代语言只有机器语言，该语言首次出现于 20 世纪 40 年代，目前仍用于小型电子机器编程。

第 2 代语言是汇编语言，20 世纪 50 年代开始代替机器语言，用于编写部分机器依赖性高、重视运行速度的程序。

第 3 代语言从 20 世纪 60 年代出现至今，一直得到广泛应用。其中，C 语言的使用范围极为广泛。

第 3.5 代语言 C++，因兼具第 3 代语言的有效性和第 4 代语言的高效性而声名远播，20 世纪 80 年代至今一直得到广泛应用。

第 4 代语言集中出现于 20 世纪 90 年代，目的在于方便 Windows 环境下的编程。

第 5 代语言伴随互联网的发展而出现，大多沿用 C++ 的语法特性，随着互联网的普及发挥着巨大的作用。

这些编程语言出现的时间不同，使用范围也各不相同，但适用于各自的编码风格规范却大同小异，因为所有编程语言都是将字符书写成语句的形态。编码风格规则适用于除 C 语言这种特殊语言外的其他所有语句形态编程语言。

同时，编码风格不受编程领域影响。无论是小型电子机器编程语言或超级计算机编程，还是电子机器控制领域或分布式系统处理领域，都同样适用。

如上所述，编码风格适用于所有编程语言和业务领域，所以所有程序员都应该学习并掌握编码风格。

第 3 代到第 5 代编程语言中，最近最常用的语言可大致分为两类。首先是从 C 语言发展而来的“C 系列”语言，包括 C、C++、VC++、Java、C#、JSP、PHP、Perl、Ruby、Python 等。

另一类是从 VB 语言发展而来的“VB 系列”语言，包括 VisualBasic、ASP、VB Script、VB.NET、ASP.NET 等。

唯一一种产业界广泛应用却不属于上述任何一个分支的语言是 Delphi 语言。Delphi 语言是从 Pascal 编程语言演变而来的。

这些语言中，ASP、ASP.NET、JSP、PHP 是 Web 服务器上运行的语言，又称“基于 Web 的编程语言”。

1.7 选择用C语言阐述编程风格的原因

本书以 C 语言为基准阐述编程风格，这并不意味着书中涉及的主题都仅用 C 语言实现。虽然本书以 C 语言为主要阐述语言，但其他任何编程语言同样适用于书中各主题。

使用 Java、JSP、C#、C++ 等 C 系列编程语言的程序员都可以轻松理解本书内容，即使使用的是 VB 系列语言，只要能理解 C 语言即可全部掌握。而且即使是 VB 系列语言，ASP.NET 或 VB.NET 这些语言的语法都倾向于 C 或 C++ 语言。

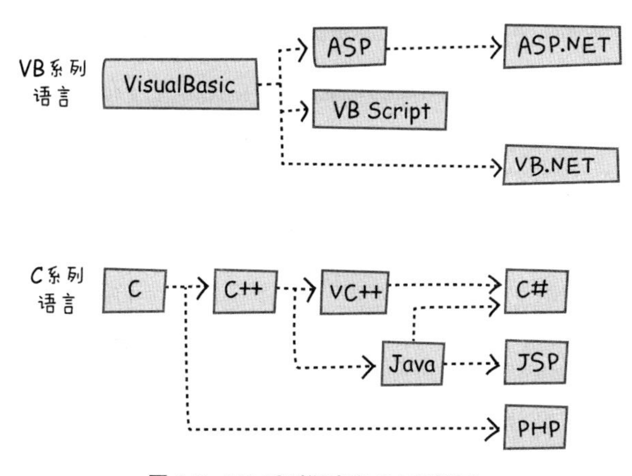

图 1-9　VB 系列语言和 C 系列语言

如果各位对 C 语言并不熟悉，可以去书店购买一本最薄、最简单的 C 语言参考书，也可以访问如下 C 语言学习网站以获得更多帮助。

- Devpia：www.devpia.com
- Codeguru：www.codeguru.com
- Cprogramming.com：www.cprogramming.com
- Sourceforge：www.sourceforge.net

各位不必实际编写 C 语言程序，只要能理解 C 语言的语法要素，就完全可以理解本书内容。

C 语言标准很多，第一种标准是 K&R C，出现在 ANSI C 标准之前。C 语言创始人丹尼斯·里奇和布莱恩·柯林汉合著了《C 程序设计语言》，当时并没有 C 语言标准，所以人们将书中提到的语法视为标准。

1989 年，美国国家标准学会（ANSI）设立的委员会正式公布了 C

语言标准。目前，几乎所有编译器都支持这个最强大、最普遍的标准。因此，本书基于 ANSI C 阐述所有内容。

之后，国际标准化组织（ISO）对 ANSI C 语言加以完善，并发布 ISO C 标准。1999 年和 2011 年先后有新的 C 标准出现，分别称为 C99 和 C11，但最新标准尚未广泛普及。

> **提示** ISO（International Standard Organization）
>
> 国际标准化组织的缩写。1946 年在瑞士日内瓦设立总部，是面向科学、技术、经济活动领域的国际化合作组织。负责制定各产业领域所需的标准，编程语言相关标准也是在该机构制定的。各种标准化方案提交到该机构后，由分管委员会和技术委员会进行审查，得到全体大会 75% 以上成员的赞成后，即可认定为国际标准。

我决定编写关于编码风格的图书时考虑了众多编程语言，最终选中 C 语言为基准阐述的原因是：它得到了大范围的应用、可用于研究的源代码易于查找、它是各种语言的原型。

最重要的原因是，C 语言可以最大程度保证程序员的自由。C 语言的设计者和标准制定者希望，程序员可以基于 C 语言自由实现自身的想法。因此在 C 语言中，几乎没有 BASIC、COBOL 或 C#、Java 中存在的那些制约项。得益于此，程序员可以自由编程，但另一方面也会导致编程过程中出现更多严重问题。

C 语言中可能出现的问题

1. 除数为 0 会出现问题。

2. 使用空指针会出现问题。

3. 可再次访问已释放的动态分配内存。

4. 字符串末尾必须添加空字符。

5. 向超出数组范围的数组元素赋值会出现问题。

6. 数据类型不同的变量间可以进行运算。

7. 数据类型不同的指针访问内存会产生意想不到的结果。

8. 终止条件不明确导致无法检查递归函数。

9. 无法检查地址及其运算。

10. 使用指针变量前必须初始化。

我们学习编码风格是为了将程序中可能导致问题的因素逐一去除，而C语言极有可能引发问题，所以我认为它更适合用于阐述编码风格。即使有些编程语言事先避免了C语言中可能出现的问题，对那些以C语言为基础并对其可能产生的问题有较高认识的程序员而言，这些语言也会为他们开启更多知识的大门。换言之，即使后期与其他程序员使用相同的编程语言进行操作，前期用C语言学习编码风格的程序员也会掌握更多技巧。

1.8 编码风格有益于编译执行方式和混合执行方式

那么，编码风格对解释执行方式和编译执行方式中的哪种更有用呢？解释执行方式是指，解释器逐行读取代码，翻译为机器语言并执行。每次只分析、翻译、执行一行代码，然后再对下一行进行相同操作。

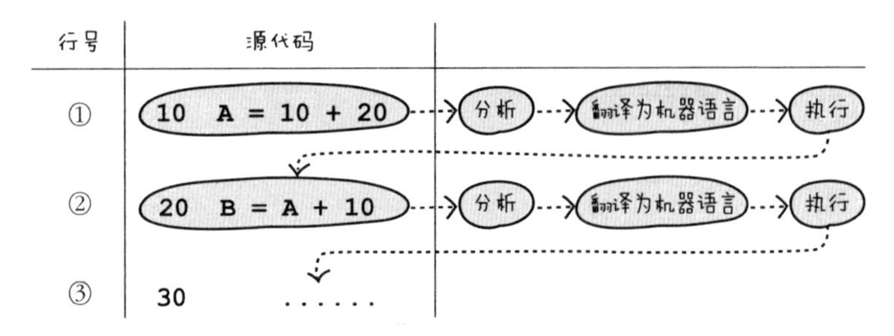

图 1-10　解释执行方式

作为代表性解释器，Web 浏览器读取 HTML 语言后，即可将其转换为可读性更高的网页文本。编写这种解释执行方式的程序时，修改一行代码后可以立即查看修改结果。因此，即使编写的代码并不完善也不会构成太大问题，出现问题立刻修改即可。

与解释执行方式不同，编译执行方式将整个程序全部转换为机器语言，并以相同方式处理项目中的其他程序，之后链接所有程序形成庞大系统。因此，程序中的一行代码出错就会导致该程序全部重新编译，并重新链接系统包含的其他程序。

从这一层面看，与解释执行方式相比，编码风格对编译执行方式更有用。因此，使用编译型编程语言构建大型项目时，建议各位正式开发前先对编码风格进行统一培训。

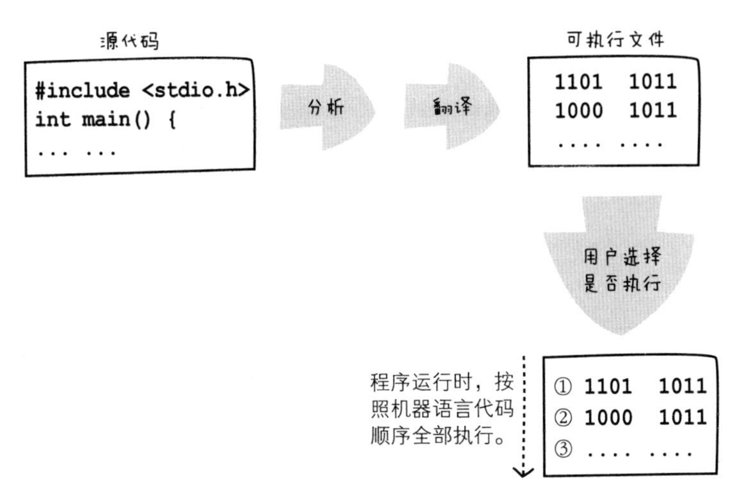

图 1-11 编译执行方式

采用统一的编码风格可以节省开发时间，比如减少无用的二次编译和链接。特别是多名程序员联合开发一个系统时，采用统一的编码风格有助于程序员之间的沟通。

编码风格对以 C# 和 Java 为代表的第 5 代编程语言采用的混合方式也同样大有裨益吗？答案是肯定的。混合执行方式是指，编译后生成的不是机器语言而是中间语言（C# 的中间语言是 IL，Java 的中间语言是字节码），其他部分与编译执行方式无异。因此，既然编码风格对编译执行方式有效，那么它对混合执行方式也同样有效。

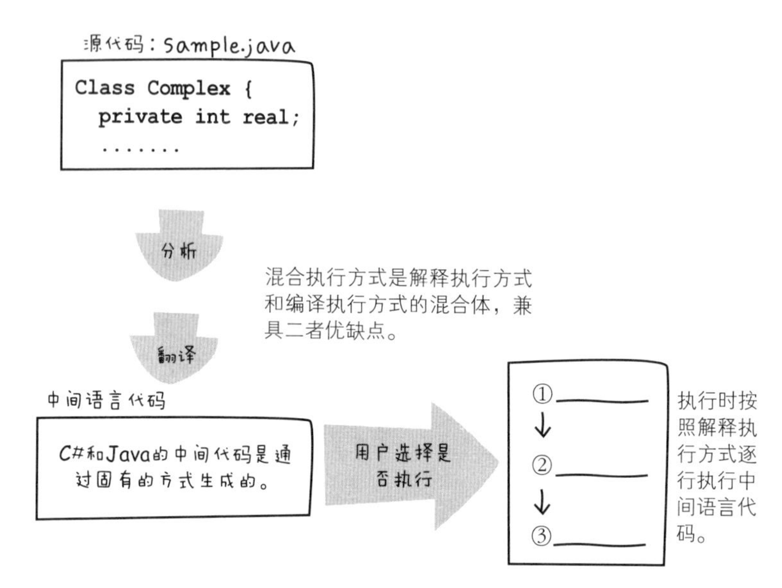

图 1-12　混合执行方式

1.9　基于组件的软件开发方式与编码风格

最近备受推崇的提升软件效率的技术中，有一种名为“基于组件的软件开发方式”（CBD，Component Based Development）。这种方式采用面向对象的技术编写代码单元，每个代码单元就是组件，再将这些组件组装起来形成软件。

根据高德纳公司发布的全世界 IT 行业统计数据调查结果，2002 年美国发起的新项目中，约 40% 采用了 CBD 技术。高德纳公司分析认为，采用 CBD 技术的公司的生产力比不采用该技术的公司高出 5~10 倍。鉴于此，三星 SDS 和 LG CNS 等企业开始自主研发 CBD 方法，并将其应用于各种项目。

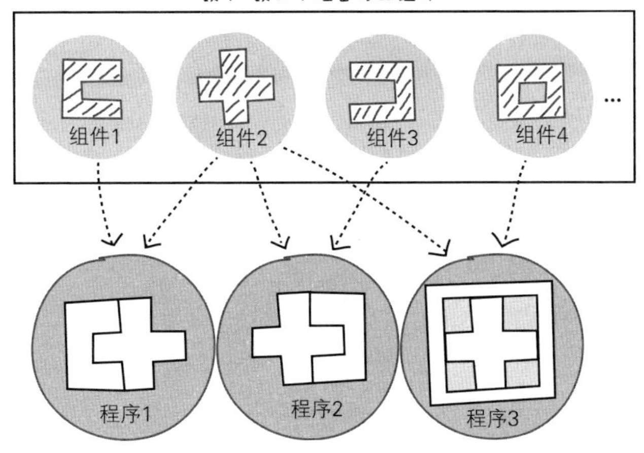

图 1-13　CBD 开发方式与组件生产机器的组装过程类似

人们已经证实，基于组件的开发方式能够提高效率，所以全球软件公司都在快马加鞭地引入 CBD 技术。微软公司提出了包含组件设计原则（Principles of Component Design）在内的微软解决方案框架 MSF（Microsoft Solutions Framework），并将 C++/C# 语言选定为 MSF 的核心语言。IBM 公司将 C/C++/Java 语言选定为 CBD 的核心语言，并将 XML、Linux、Grid Web Service 等关键技术以 CBD 为中心融合在一起。

韩国也以信息通信部和银行为中心，加速投入 CBD 技术。截至 2007 年，韩国信息通信部 50% 的软件开发项目均采用 CBD 系统，投入资金约 7680 万美元。

图 1-14　以 CBD 为中心融合计算机技术

CBD 技术如此重要，那它与编码风格又有何种关系呢？CBD 的核心概念是将程序单元视为组件。以汽车制造厂为例，一辆汽车需要数十万个汽车组件，各组件按照各自固有的工艺流程制造而成，再组装成一辆汽车。汽车公司并不直接生产组件，大多靠外包公司生产。那么，如果外包公司生产的组件不合格该怎么办呢？数十万个组件中，哪怕只有一个组件出了问题，该批汽车也会被召回，汽车公司也需要投入大量资金返修。正因为每个组件的质量都直接关系到汽车质量，所以每个组件都需要谨慎对待。

同样的道理也适用于编码风格。编码风格中，各项原则的基本方针是精密编写每个程序单元（即上文提到的组件）。没有采用编码风格的程序就像是马马虎虎制造的组件，而采用了编码风格的程序则相当于精密制造的组件。这样精心编写的程序为软件系统整体的正常运行提供了保障。相反，没有采用编码风格、没有认真编写的程序则可能导致整个软件系统不断返修。总之，编码风格是精密编写程序单元的工具。如果程序员不熟悉这种工具的使用方法，则容易编写出粗糙不堪的程序。程序员熟悉编码风格就像制造机器的人熟悉各种工具一样，是必备的基本功。

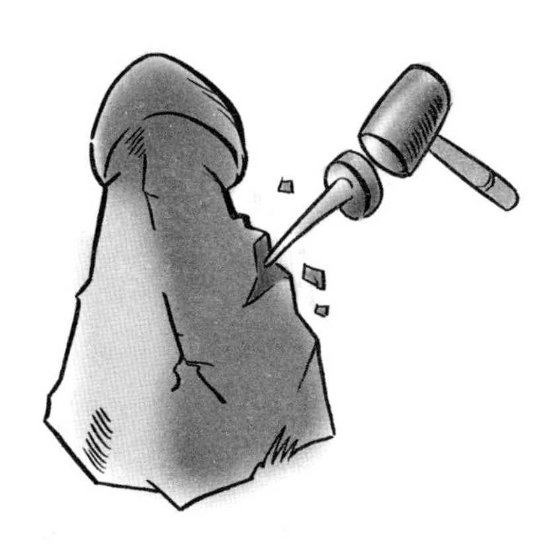

图 1-15　编码风格是精密编写程序单元的工具

1.10　码农的力量不容小觑

前文论及了组件开发方式和编码风格的关系，并将码农的作用与打磨组件的匠人类比。同样，码农的职能也类似于建筑工地的技工。

软件系统的构建过程多被比喻为建造高楼大厦，所以前文提到的系统分析师和架构师也可以称为建筑师。那么应该将“码农”称为什么呢？码农负责编写整个系统中最基础的部分——代码，相当于建筑工作中参考建筑物的说明文档或设计图纸后，在现场实际执行建造工作的泥瓦匠、管道工、粉刷匠、木工等。

软件系统由代码组成，而软件系统与用砖石搭建框架结构的建筑类似。假设技术不过硬的泥瓦匠没有按照设计图纸或规格文档堆砌砖石，那么就可能会出现砖石本身不够牢固，或砖石堆砌不稳造成的建筑物本身不安全的问题。

同理，虽然与软件开发业务中的架构师的工作相比，码农的工作或许看起来微不足道，但它实际占据着决定软件质量的核心地位。

因此，码农的作用不容忽视，码农编写的代码决定着整个系统的质量，这一点同样不容忽视。

软件系统开发过程与汽车生产过程或建筑物搭建过程类似，同样也与图书出版过程类比。如果将软件系统视为百科词典，程序单元就是每个词条。只有保证各词条的质量，才能保证整本百科词典的质量。各词条的编纂人或翻译人员可以类比为程序员或码农，所以他们的作用最重要。如果一个词条晦涩难懂、错别字连篇、观点有悖于事实，那么它就不可能成为优秀的百科词典的一部分。只有程序员和码农做好了基础工作，整个程序（百科词典）的“编辑”和“策划”才能最大限度地发挥作用。由此可见，程序员和码农的作用比任何岗位都更重要。

投资不动产的人总是将“地段！地段！地段！”挂在嘴边，这说明不动产投资中，地段的选择至关重要，选在好地段的不动产有相当高的价值。

软件开发的核心应该是“代码！代码！代码！”，代码相当于建筑物的混凝土、汽车上用到的钢铁、著书时的语句。只有代码质量达到了一定标准，软件质量才能令人满意。而保证代码质量的不是别人，正是程序员和码农。

1.11 将编码惯例文档化以统一应用

程序员和码农应当如何保证代码质量呢？可以通过比较写书和写

代码的过程思考这个问题。写书和写代码的过程非常相似，所以如此比较并无大碍。

我在写文章和著书过程中回想多年的编程经历，发现写代码和写文章之间有着千丝万缕的联系。写文章的人常常需要参考其他书目，比如讲解语法规则的书或收录经典词句的书，亦或记载俗语故事的书等。写文章参考的这些语法规则、经典词句、俗语故事类似于编程中的编码惯例。编程过程虽然没有全球统一的规则，但无论是编程语言创始人或大师们提出的惯例，还是业内约定俗成的惯例，都可以视为统一规则。

正如作家们经常引经据典、博采众家之长一样，程序员也应该经常参考编程惯例。

而且既然要参考，就应该参考全球普遍认可的编码惯例。国内或某家公司内部可能也有自己通用的编码惯例，但为了适应全球化时代的需要，应该选择那些全球通用的惯例。

现在，大多数软件开发公司都规定了自己的编码惯例，并要求开发人员按照规定的惯例进行编码，开发人员也都尽量遵循这些惯例。当然，从人数比例看仍有很大的改善空间，但与之前相比已经大为好转。

那么，为什么要规定并遵循这些编码惯例呢？编码惯例和语言惯例类似。世界各国语言有特定的语言体系，也就是我们所说的“语法”。同时，也存在仅用语法无法解释的语言用法，如人们广泛使用的惯用语、名言、俗语、成语等。编码惯例就像一种惯用语句，如果不能与对方的语言和习惯形成共鸣，就很难理解其语言或代码。也就是说，双方沟通受到影响。沟通受到妨碍就很难合作，无法合作就会导致效率低下。如此可见，各公司应该收集各种编码惯例，从中选择与自身情况匹配的内容，并要求内部开发人员统一采纳。因此，如果各位的公司尚未规定编码惯例，则应该尽快完成这项工作。

第 2 章将依次介绍这些编码惯例中最具代表性的惯例，并在其中穿插我的个人意见。建议各位从本书收录的惯例中选择符合自身情况的惯例，并应用于实际业务。

第2章

程序设计相关编码准则

2.1　遵循最新标准
2.2　合理限制开发人员的规模
2.3　维护旧程序比开发新程序更常见
2.4　不要认为修改程序很容易
2.5　慎重采用新技术
2.6　不要采用RAF策略

2.1 遵循最新标准

随着业界的发展、制度的完善、相关从业人员知识水平的提高和大环境的不断变化，行业标准也在日趋多样和精确。

这种现象同样体现在C语言上。自1978年柯林汉和里奇合著了关于C语言的第一本指南类图书开始，C语言的标准就一直在扩展。如前所述，最初，两人合著的《C程序设计语言》就被视为一种C语言标准，又称K&R1。

《C程序设计语言（第2版）》出版后，同样被视为C语言的标准技术书，称为K&R2。之后，国际标准化组织基于二人观点，并结合当时业内涌现的其他各种标准和程序员的意见，制定了全新的C语言标准，即ISO/IEC 9899:1990。

所有能反映这一变化的实例中，最具代表性的是main函数的书写方式。main函数最初的书写方式如下所示。

```
main() {
    ....
}
```

但人们认为，既然main函数也是一种函数，那就需要标记返回值的数据类型，也应当能够传递参数。还规定，没有返回值或参数时，应当用void标记。

提示

代表性的编程语言国际标准制定机构包括ANSI和ISO。

得益于此，main函数现在的编写形式如下所示，必须书写返回值和参数的数据类型。

```
int main(void) {
    ...
    return 0;
}
```

上述两个例子中，哪一个 main 函数声明更加明确呢？当然是第二个。它遵循的就是最新标准，像这样遵循最新标准编写程序以提高可读性、精确性的例子还有很多。K&R 标准中并没有提供 stdlib.h 和 unistd.h 头文件，采用的函数名也与 ANSI C 标准不同。这两个标准采用的函数名差异如表 2-1 所示。

表 2-1　K&R C 和 ANSI C 中函数名的差异

作用	ANSI C	K&R C
在字符串中查找单个字符	strchr	index
从字符串末端开始查找单个字符	strrchr	rindex
比较两块内存	memcmp	bcmp
内存设置为 0	memset	bzero
复制数组或结构体	memcpy	bcopy

2.2　合理限制开发人员的规模

小弗雷德里克·布鲁克斯的著作《人月神话：软件项目管理之道（第 2 版）》中提到，并不是投入的开发人员越多，生产效率就越高。从我本人的经验看，每个项目都应该适当限制开发人员数量。项目投入再多人力，也并不一定能显著提高生产效率。问题就在于沟通渠道，如图 2-1 所示。

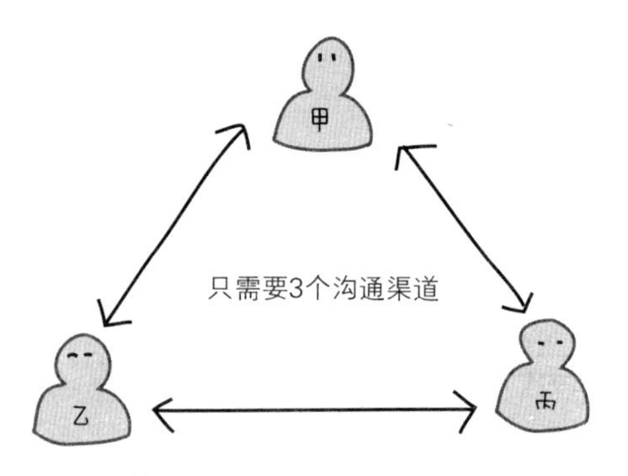

图 2-1　有 3 名开发人员时只需要 3 个沟通渠道

如图 2-1 所示，只有 3 名开发人员时，需要形成 3 个沟通渠道，即甲和乙、乙和丙、甲和丙，通过各自渠道完成沟通。沟通渠道相对较少的小型开发公司可以进行更多沟通，而且更有人情味，更易于形成亲密、深厚的情感交流。员工们不仅可以互相交流工作上的信息，还可以建立私交。

沟通的实现程度称为“沟通强度”，也有人称为“团队精神”。当然，如何称呼并不重要，最重要的是沟通是否顺畅。可以推断的是，公司规模越小，沟通渠道越少，沟通强度反而越高。因此，参与开发的人员数目应该维持在恰当的规模。

那么大公司呢？参与开发的人员较多时，一般采用正式的方式进行沟通。他们强调采用规范化的文书、通过规范化的方式、经过规范化的渠道进行沟通，经常忽略非正式的沟通。简单的报销也需要花费几天时间，从而减慢了沟通的速度。因此，虽然沟通渠道变多了，但沟通强度反而变弱，导致整体沟通效率降低。

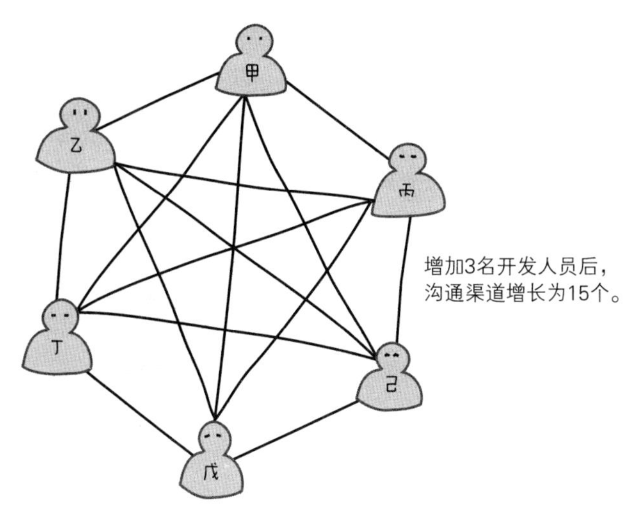

图 2-2　开发人员增多导致沟通渠道骤增

因此，所有开发团队都应该合理限制开发人员数量。文字处理器这种大规模项目的开发工作中，大致需要 10 名核心开发人员，其他人员只要起到辅助作用即可。对于游戏开发等项目，4~5 位开发人员足矣。开发大型游戏时，即使需要投入大量开发人员，也应该将核心开发人员数量维持在 4~5 人。当然，这并不是官方规定数字，只是我从各个项目中观察得出的经验数值，各位需要根据自身项目特性找到最合适的人员数量。需要指出的是，从“管理的极限”看，7 人左右比较合适。

2.3　维护旧程序比开发新程序更常见

美国著名计算机杂志 *Datamation* 中提到，与编写程序的耗时相比，维护程序的耗时呈现逐渐增多的趋势，且这种趋势正在日渐加快。我和我的团队经手的程序有数百个之多，其中从零开始编写的程序不足 30%，其余 70% 都是对原有代码的更新和修复，因为应用软件中的业务处理方式大多已定型。例如，几乎可以将财务管理软件中采用的输入操作相关代码直接应用到人力资源管理类软件，而文字处理软件中的缓冲处理模块可以通过修改网络管理软件的相应模块实现。

从这一层面看，程序员的工作既包含创新性业务，又包含功能性业务。其中，修改现有程序并对其进行维护的功能性工作较多。

如果没有遵循编码风格而只是随心所欲、偷工减料地完成这些功能性工作，那么编写的程序很可能会妨碍后续业务。比如，没有注释的程序理解起来需要消耗较长时间，要想理解采用晦涩语法编写的程序的目的，就需要对语句逐条进行编译测试。

因此，我们必须遵循既定的编码风格编写程序。制定编码风格需要坚持以“标注便于理解的注释，编写清晰简明的代码”为原则，明确规定各方面的详细规则。程序员则要遵循给定的编码规则，不断努力编写像小说或随笔一样具有较高可读性的代码，这也将有助于简化后续对程序的修复、更新等维护工作。

2.4 不要认为修改程序很容易

程序通常又称“软件”，这个词中包含着“柔软”“便于修改”“不同于能够握在手中的实物”等多种含义。其他含义暂且搁置一旁，先关注“便于修改”这一点。建房子与开发软件的过程非常相似，绘制设计图、购买建材、动用各项技术开始搭建，这一系列操作都与软件开发过程一致。一般情况下，房屋设计完成并开始搭建后，不会再修改设计图。但软件开发过程中可能随时修改设计图，甚至软件已经全部开发完成后，还会被要求进行修改。试想一下，敲掉房子已有的墙体，重新建造新墙体是一件容易的事情吗？修改已完成的软件就类似于敲掉房子的旧墙体，我们凭什么认为修改软件很容易呢？

“软件”这个词本身含有的“便于修改”的含义可能会使我们认为修改程序很容易，其实不然。

相信每位程序员都有同感，被要求修改几百行代码程序的逻辑、界面接口、网络信号处理方式时，经常会在内心期望：“还不如完全抛弃原有代码，重新编写新程序呢。”实际上，重新编写程序确实比修改原有程序更快。

图 2-3　修改软件如同修葺房屋一样困难

从包含多个程序的系统单元角度看，这一问题更加严峻。很小的需求变化经常会影响整个系统，一次需求变更会导致几天、几十天甚至几个月的工期延误。即使尽力缩减这期间投入的人力、成本等各项开支，最后仍然无法顺利收尾，大部分以失败告终。由此可见，需求变更可能直接导致项目失败。

即便如此，从项目经理到一线程序员仍会轻易接受用户的需求变更要求。他们应该比任何人都清楚修改程序的不易，那么为什么不能像建筑师一样对需求变更坚定地说“不”呢？

2.5 慎重采用新技术

用惯了斧子伐木的人突然改用电锯会出现什么问题呢？首先，电锯可能出现故障，如锯片折断或齿轮坏掉等；其次，可能砍不动树木或误伤自己；第三，生产效率会下降，进而加剧问题的严重性。当然，经过一段时间的磨合，掌握正确的电锯使用方法后，用电锯伐木的效率会明显高于用斧子的情况。但如果现在马上要伐木的话，应该采用何种方法呢？用斧子还是电锯？

图 2-4 操作电锯不够熟练容易受伤

人们十有八九会选择斧子而不是电锯。我们应当对不熟悉的事物保持敬畏之心。当然，我并不是主张坚持保守的态度，而是提醒大家在采用新技术时，不要忘记为学习新技术预留时间。如果项目工期紧张，需要在完全掌握新技术之前结束，则应该果断放弃新技术而直接采用熟悉的技术。

第 4 代编程语言正式发布时，很多程序员都陷入了混乱。一部分程序员依然采用 COBOL 或 C 语言，也有一部分程序员很快开始使用 Visual Basic 或类似 4th Dimension 的所谓第 4 代编程语言。他们当中一部分人成功了，也有人失败了。

Java 盛行时，将其应用于嵌入式程序开发的大部分人都失败了，但应用于网络应用程序开发的大部分人则获得了成功。

这种现象很早之前就存在。结构化编程方法问世之初，那些很早就采用该方法编写的程序大多失败；但有些公司则在原有项目中依然采用旧方法，同时逐步学习结构化方法，等到完全掌握该方法后再投入使用，其项目大多获得了成功。

目前，CBD、CMM、Agile、RUP 等程序开发方法，以及各种各样的开发工具、编程语言层出不穷。这些方法往往以“救世主”自居，号称可以提高所有项目的开发效率，保证按期交工，同时大幅度节约项目成本，描绘出一种近乎理想化的前景。

但是，仅记住这些方法和工具并不能有效解决所有问题。正如上文提到的电锯一样，它们是双刃剑。我们要投入一定的时间学习并掌握这些方法和工具，否则它们很可能会给我们带来不必要的损失。从某种层面看，与其采用新的方法和工具，不如改良现有工具更为高效。新方法得到广泛认可并能稳定应用之前，采用相对不浪费时间的技术才是比较正确的做法。

由此可见，编码风格宣扬的既不是激进主义也不是保守主义，而是改良主义。它主张在正常使用我们熟悉的语言的同时，对其稍加改进。熟练掌握并应用编码风格既不费时又不困难，是一种得到广泛证实的稳定技术。因此，我建议各位尝试应用各种新的程序开发方法、编程语言、CASE（Computer Aided Software Engineering，计算机辅助软件工程）工具前，应该优先考虑制定规范的编码风格，之后再投入使用并严格遵循。

2.6 不要采用RAF策略

1969年，IBM以“尽快完成项目”为工作重点时，项目的实际成本和工期反而超出预算。而强调修复项目漏洞、提高整体质量时，项目反而能按期完成，且生产效率得到大幅度提高。

众所周知，欲速则不达。但仍然有很多程序员盲目相信压缩工期的魔力，认为快速完成任务才是第一要务。很多程序员正式编写程序之前甚至都懒得认真思考，而是直接编写程序，得到结果后再重新考虑其正确性。

程序是基于看不见的抽象逻辑编写的，而仅凭逻辑很难预测结果。因此，那些不是经过充分训练、不能仅凭逻辑就能想象最终结果的程序员，都更倾向于直接编写并运行程序，然后查看结果，等到运行结果显示确实出现问题后再修改。

图 2-5 急脾气的程序员

这就是“先查看运行结果再修改程序”的工作方式，英文为 Run and Fix（以下简称 RAF 策略）。该策略广泛应用于各种规模的项目，但如果将项目比作战场，那么无论是小规模战役还是大规模战争，使用该策略都注定失败。

首先以小规模战役为例。假设根据 RAF 策略编写少于 1000 行代码的程序，一开始只是粗略地编码，之后查看运行结果时可能遇到各种各样的编译错误。

这种情况下通常会遇到成百上千个编译错误。程序员不得不逐一修改，错误数量逐渐从上百个减少到几十个，最后减少到 10 个以内。在此期间，程序员需要不断修改代码、编译、查看结果。

图 2-6　亲眼看到结果才能发现错误的程序员

图 2-7 RAF 策略

采用 RAF 策略编写的程序中，最后剩下的那些为数不多的编译错误往往才是更大的麻烦。这种错误通常很难在代码中定位，程序员经常需要投入几乎与编写代码相同的时间进行定位并修复。

几经周折终于解决了所有编译错误，此时看到了令人欣喜的提示消息 `Compile Error: 0, Warning Error: 0.`。该状态下，源代码已经完全转换为可执行代码，即成为可执行程序。但问题才刚刚开始。程序初次运行结果很少能够完全符合预期设想，画面数据行间距不匹配、对输入数据的校验处理不够完善、运行画面不显示任何结果等情况比比皆是。甚至可能出现令人沮丧的“运行时错误”提示，程序随之自动终止。

如果运行时出现这些问题，程序员不得不再次投入到解决问题的工作中，修改代码、再次编译、修复因修改代码不当引起的编译错误、修复再次编译后出现的运行错误等。如果能一次性解决问题固然幸运，但采用 RAF 策略的程序员遇到这种问题时，往往需要重复上述步骤数十次。由此可见，即使是小规模程序单元，RAF 策略也会严重影响生产效率，导致在小规模战役中败北。

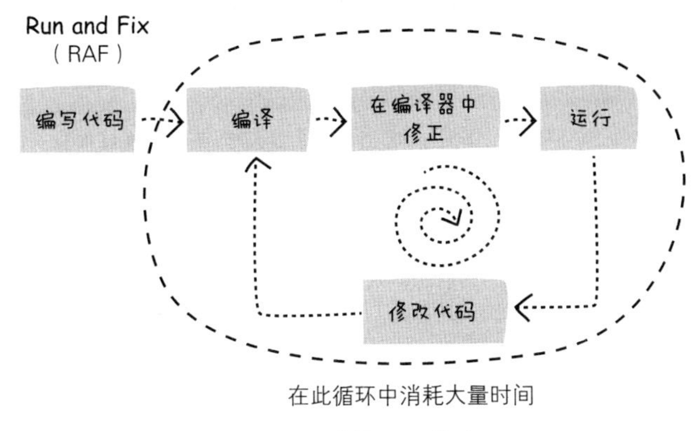

图 2-8　愚蠢的 RAF 策略

下面再看看大规模现场。据可靠统计数据显示，70% 的团队采用 RAF 策略。由此推测，组成大型系统的程序单元中，有 70% 左右采用了 RAF 策略。

然而，有些程序单元本身运行时完全没有问题，但将其与其他各程序单元组合作为系统的一部分运行时，就可能出现问题。有的程序单元运算错误，有的则出现浮点数运算误差。这些错误在程序单元本身运行及测试时复现率很低，只有集成测试时才能大量发现这类“潜在”问题。特别是采用 RAF 策略编写的程序，更容易发生这种情况。结果就是集成测试时发现严重问题，系统单元需要进行大量修改。由于小规模战役部队，即采用 RAF 策略的开发团队仍然存在，这就意味着大规模战争的 SI 企业或项目负责部门无法逃脱失败的厄运。既然 70% 的所属小分队在战役中失败，那么整个部队就不可能在整场战争中获胜。

无论开发团队规模大小，我都奉劝大家不要采用 RAF 策略。对于那些坚持采用该战略的程序员或团队，应该将其从项目组织架构中剔除，或限制其继续使用该策略。那么，正确的做法是什么呢？解决方法如下所示：

1. 增加在程序构思阶段投入的时间；
2. 采用流程图和伪代码，充分梳理程序逻辑；
3. 在纸上投入的时间要多于在电脑上投入的时间；
4. 事先预测程序可能出现的问题，并寻找解决方法；
5. 深思熟虑后再编写代码。

第3章 间隔相关编码准则

3.1　一行只写一条语句
3.2　区分声明语句和执行语句
3.3　区分段落
3.4　区分各种控制语句
3.5　区分各函数
3.6　运算符前后需留出空格
3.7　不要在一元运算符与操作数之间插入空格
3.8　分号前不要插入空格
3.9　不要滥用Tab键
3.10　逗号后必须插入一个空格
3.11　逗号后不要插入太多空格
3.12　变量初始化时的列对齐
3.13　一行只声明一个变量

3.1 一行只写一条语句

详细介绍隔行准则之前，首先了解“一行只写一条语句”。从原则上讲，C 语言和其他源自 C 语言的编程语言都允许在一行中写入多条语句。例如，下列代码并没有因为将多条语句写在同一行而报错。

示例 **同一行写入多条语句**

```
#include <stdio.h>
int main(void)
{
    int num1; int num2; double sum;
    printf("请输入第一个数字。\n"); scanf("%d", &num1);
    printf("请输入第二个数字。\n"); scanf("%d", &num1);
    sum = num1 + num2; printf("两数之和为%d。\n");
    return 0;
}
```

提示

此处所谓的“行”（line）指的是在编辑器上显示的行，而不是 C 语言的一条“语句”。一行中可以写入多条语句，一条语句也可以占据多行。因此，请不要混淆“行”和“语句”。另外，C 语言中，换行并不等于语句结束。从第一个字符到；为止的所有内容都属于同一条语句。

上述示例中，存在一行代码包含多条语句的情况。为什么要这样编写代码呢？可能是因为程序员不熟悉业务，或没有掌握正确的编码准则，也有可能出于其他的个人考虑。那么，究竟怎样的个人考虑会产生这样的结果呢？

据我推测，编写这种代码的人可能试图将相互关联的语句都放在同一行。例如，第 4 行全部是变量声明语句，第 5 行和第 6 行分别获取各输入值，第 7 行语句则求和并输出结果。

业务不熟练的程序员也经常这样编写程序，并自认为合理，他们宣称："我习惯这样编写代码，自己理解起来容易、可读性也高。我的代码我做主，不要总是试图把你的编码风格强加到我身上。"

无论如何，因为只是将相互关联的语句集合在同一行，所以严格意义上并没有太大问题。但这种程序通常并不只由程序编写者一人负责维护，需要其他人共同参与。即使目前由程序编写者亲自负责该程序，考虑到日后可能的情况，也应该遵循"一行只写一条语句"的准则。

"一行只写一条语句"的代码如下所示。

示例　一行只写一条语句

```
#include <stdio.h>
int main(void)
{
    int num1; /* 第一个数字的输入值 */
    int num2; /* 第二个数字的输入值 */
    long int sum; /* 保存两个输入值之和 */
    printf("请输入第一个数字。\n");
    scanf("%d", &num1);

……中略……

    printf("请输入第二个数字。\n");
    scanf("%d", &num1);
    sum = num1 + num2;
    printf("两数之和为%d。\n");
    return 0;
}
```

以上示例一行只写一条语句，并在语句右侧输入相应注释。该方法特别适合变量声明语句，一行只声明一个变量，并在旁边加注对该变量的说明，这些注释可以起到类似字典的作用。

3.2 区分声明语句和执行语句

提高程序可读性的第二个准则是通过插入空行以区分声明语句和执行语句。有些程序员不清楚声明语句和执行语句的区别，在此为其进行简单介绍。

具有代表性的声明语句如表 3-1 所示。

表 3-1 具有代表性的声明语句

种类	示例
变量声明语句	int num1, num2;
数组声明语句	int num1[10];
函数原型声明语句和函数定义语句	inf f(int x, int y);
类、结构体、共用体声明语句及定义语句	class MyClass{...};
预处理指示符	#include <stdio>

具有代表性的执行语句如表 3-2 所示。

表 3-2 具有代表性的执行语句

种类	示例
赋值语句	sum = num1 + num2;
条件语句	if(num1 < 0) num1 = 0;

分析语句对数据会产生何种“直接”影响，由此可以轻松区分声明语句和执行语句。无论是输出数据、输入数据，或内存中的保存数据，只要是对数据进行处理和操作的语句，都可以视为执行语句。当

然，比较数据的条件语句也是执行语句之一。

如果未明确区分声明语句和执行语句，会严重影响程序可读性。因此，应该严格区分声明语句和执行语句，一般在二者之间插入空行即可实现。下面通过两个示例分析声明语句和执行语句之间的空行存在与否对程序可读性的影响。首先是二者之间没有空行的情况。

示例　**声明语句和执行语句之间没有空行**

```
#include <stdio.h>
int main(void)
{
    int num1;
    int num2;
    printf("请输入第一个数字。\n");
    scanf("%d", &num1);
    printf("请输入第二个数字。\n");
    scanf("%d", &num1);
    sum = num1 + num2;
    printf("两数之和为%d。\n");
    return 0;
}
```

与上例相比，在声明语句和执行语句之间插入空行后，代码可读性明显提高。

示例　**声明语句和执行语句之间插入空行**

```
#include <stdio.h>
int main(void)
{
    int num1;  } 声明部分
    int num2;  }
```

```
    printf("请输入第一个数字。\n");
    scanf("%d, &num1);
    printf("请输入第二个数字。\n");
    scanf(%d, &num1);                         执行部分
    sum = num1 + num2;
    printf("两数之和为%d。\n");
    return 0;
}
```

上述代码中，第 6 行插入了没有任何内容的空行。得益于此，人们阅读代码时可以轻松区分声明语句和执行语句。

上述示例代码非常短，代码越长，该准则带来的效果越明显。特别是对于 C++ 程序中变量声明位于程序中段的情况，更要注意遵循这一准则，即在声明语句前后各插入一行空行进行标注。

需要注意，插入太多空行同样会影响可读性。隔 1~2 行是比较恰当的方法，切记不要插入更多空行。

3.3 区分段落

上文中，“插入空行以提高可读性”的准则并不仅仅适用于声明语句和执行语句的区分。执行语句之间也需要互相明确区分，当然，声明语句之间最好也能够明确区分。

需要注意的是，编写程序时，无论是声明语句还是执行语句，都应该注意将相似的部分集中在一起。有经验的程序员会有意将负责相似功能的执行语句集中在一起，并在其前后插入空行，以便区分于其他语句。下列示例对前面提到的代码按语句功能进行了集中。

示例　**按语句含义集中并分段**

```
#include <stdio.h>
```

```
int main(void)
{
    int num1;
    int num2;

    printf("请输入第一个数字。\n");        ①
    scanf("%d", &num1);

    printf("请输入第二个数字。\n");        ②
    scanf("%d", &num1);

    sum = num1 + num2;                      ③
    printf("两数之和为%d。\n");

    return 0;                               ④
}
```

为便于理解，将执行部分划分为4个段落。

与之前的示例不同，上述示例将执行语句最多分为 4 个段落。如下所示，各段落分别是示例中负责各项功能的语句的集合。

提示

普通文章中，表达相同思想的多条语句放在一起，称为“一段”，一般通过缩进区分于其他段落。而程序代码中，采用空行区分各段。

- 第7、8行：负责输入第一个数字。
- 第10、11行：负责输入第二个数字。
- 第13、14行：负责两个数字的求和及输出。
- 第16行：负责终止程序。

根据各语句负责的功能，将其划分为不同段落，这样有助于提高程序可读性。同时，添加各段落主要功能的注释语句，更会起到锦上添花的作用。本书后续章节将会针对如何编写注释进行更加详细的介绍。

这种分段的区分方法只适用于执行语句吗？并非如此，声明语句同样适用。下列示例是用于处理用户信息的程序的前半部分。

示例　**包含没有分段的声明语句**

```
#include <stdio.h>
#define TRUE 1
#define FALSE 0
struct client_data {
    int index_no;
    char name[30];
};
int enter_selection(void);

……中略……

void update_record(FILE *);
void insert_record(FILE *);
void delete_record(FILE *);
int main(void)
{
    ……下略……
```

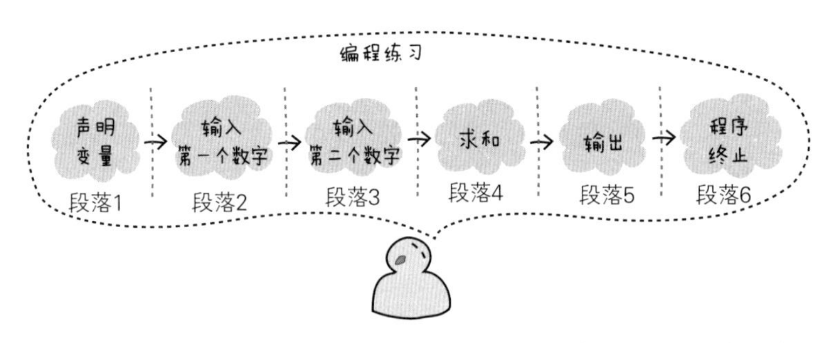

图 3-1　段落是表达相同思想的语句的集合。示例中的声明语句没有互相区分

暂不讨论该程序具体的执行方式，只考虑程序开始部分，即 main() 函数之前的声明语句。该部分可以大致分为 5 个子部分。

- 包含标准库的预处理命令
- 定义字符串常量的预处理命令
- 声明用户信息相关的结构体
- 声明从插入、更新、删除功能中三选一的函数原型
- 声明插入、更新、删除相关的函数原型

如果最初的程序编写者没有按上文所述分段编写，那么后续接触该程序的人要想区分这 5 个部分，就不得不借助用红笔标注等白费力气的方法。因此，对程序有清晰认知的程序员在最初编写程序时，就会如下所示，用空行分段区分各部分。

示例　**分段区分各声明语句**

```
#include <stdio.h>

#define TRUE 1
#define FALSE 0

struct client_data {
    int index_no;
    char name[30];
};

int enter_selection(void);

……中略……
```

此处增加空行，
使声明部分更易于理解。

```
void update_record(FILE *);
void insert_record(FILE *);
void delete_record(FILE *);

int main(void)
{
    ……下略……
```

像这样，用段落区分声明语句使程序更易理解。

3.4 区分各种控制语句

表达统一思想的段落内部也应该插入空行，以划分更细的层次。最常见的情况是针对控制语句。在程序内部，if、while、for、switch、do...while 等控制语句非常重要，直接关系到程序执行顺序是否正确。

提示

控制语句担负着改变程序执行顺序的作用。不同假定条件、不同情况下如何进行选择或循环，都由这些控制语句决定。

而且，如果某人没能正确理解程序中的控制语句，那么他极有可能误解整个程序的功能。此时，盲目修改或维护程序很可能白费力气，甚至帮倒忙。导致其他程序修复人员不得不从头阅读原始代码，重复进行维护程序的工作。既然控制语句如此重要，那么即使在段落内部，也应该在控制语句前后插入空行，以便快速识别。实现方法很简单，如下所示。

示例　**包含多条控制语句**

```
if(num1 == num2)
    printf("%d和%d相同。\n", num1, num2);
if(num1 != num2)
    printf("%d和%d不同。\n", num1, num2);
if(num1 < num2)
    printf("%d小于%d。\n", num1, num2);
```

即使代码如此简单，在其中插入空行也可以显著提高可读性。

示例　**用空行明确区分各控制语句**

```
if(num1 == num2)
    printf("%d和%d相同。\n", num1, num2);

if(num1 != num2)
    printf("%d和%d不同。\n", num1, num2);

if(num1 < num2)
    printf("%d小于%d。\n", num1, num2);
```

特别是 switch 语句中，每个 case 语句都插入一条空行可以使程序更易理解，如下所示。

示例　**各case语句之间未插入空行**

```
switch(selection) {
    case 1 :
        printf("选择了1。\n");
        break;
    case 2 :
        printf("选择了2。\n");
    default :
```

```
        printf("选择了3。\n");
}
```

实际编程中，几乎不可能编写像上述示例这么简单的switch语句。但即使是如此简单的代码，在每个case语句之间插入空行也可以使程序层次更加清晰明了。

示例　**各case语句之间插入空行**

```
switch(selection) {

    case 1 :
        printf("选择了1。\n");
        break;

    case 2 :
        printf("选择了2。\n");

    default :
        printf("选择了3。\n");
}
```

在这3个位置插入空行，使声明部分更易理解。

上述所有语句中，switch()开始部分和分支语句之间都插入了空行。分支语句过长或者过于复杂的情况下，在两者之间插入空行是一种很好的策略。switch语句适用的准则整理如下。switch语句越长、越复杂，该准则的作用就越强大。

switch 语句适用的段落划分准则

1. switch语句开始部分单独占据一行。

2. 以空行区分各case语句。

3. 像case语句一样，用空行隔开default语句，以示区分。

switch(...){ 这部分称为 switch 语句开始部分。

接下来，考虑由不同控制语句组成的、更复杂的控制结构。下列示例是由 if...else 语句、while 语句和 switch 语句组成的控制结构。

示例　**相互重叠的多种控制结构（未用空行区分）**

```
if ((cust_fp = fopen("custom.dat", "r+")) == NULL)
    printf("无法打开文件。\n");
else {
    while ((selection = input_selection()) != 4) {
        switch (selection) {
            case 1 :
                update_record(cust_fp);
                break;
            case 2 :
                insert_record(cust_fp);
                break;
            case 3 :
                delete_record(cust_fp);
                break;
        }
    }
}
```

对于上述这种复杂情况，为每个控制语句增加一个空行可以提高其可读性。

示例　**每次变换控制语句的种类时都插入空行**

```
if ((cust_fp = fopen("custom.dat", "r+")) == NULL)
```

```
        printf("无法打开文件。\n");

    else {

        while ((selection = input_selection()) != 4) {

            switch (selection) {

                case 1 :
                    update_record(cust_fp);
                    break;

                case 2 :
                    insert_record(cust_fp);
                    break;

                case 3 :
                    delete_record(cust_fp);
                    break;
            }
        }
    }
```

这种插入空行的方法有助于明确区分 if、else、while、switch 语句各自的控制范围，做到一目了然。

3.5 区分各函数

现代编程语言中，函数是一个非常重要的概念。程序就是由多个函数相互交错组成的。程序员可以直接定义函数，或者从 API 等库文件中直接调用预定义的函数。比如，使用 C++ 的程序员多从 MFC 等类库中调用。自定义函数时，最好能在各函数之间留出空行，以示区分。可以将每个函数视为一个模块。一台机器通常由若干个零件（或称为“模块”）组成；同理，一个程序也是由若干个函数组成的。因此，函数也可称为程序的“模块”。在每个函数之间插入空行，可以提高其作为模块单元的辨识度。

下面给出新的示例。虽然该代码反映了“全局变量”和“局部变量”的区别，但此处讨论的重点并不在此，而是要请各位留意观察函数之间没有插入空行会多么不便。

示例　**函数之间没有空行**

```
#include <stdio.h>

void func1 ( void );
……中略……

void func2 ( void );
void func3 ( void );

int var = 1;

int main(void) {
    int var = 2;
    printf("局部变量 var 在代码块外部时的值 %d\n", var);
    {
        int var = 3;
        printf("局部变量 var 在代码块内部时的值 %d\n", var);
    }

    printf("局部变量 var 在代码块外部时的值 %d\n", var);

    func1();
    func2();
    func3();

    printf("局部变量 var 在调用结束后的值 %d\n", var);
    return 0;
}
```

```
void func1 ( void ) {
    int var = 4;
    printf("\n 局部变量 var 在 func1 中的初值 %d\n", var);
    var++;
    printf("\n 局部变量 var 在 func1 中的终值 %d\n", var);
}
void func2 ( void ) {
    static int var = 5;
    printf("\n 静态变量 var 在 func2 中的初值 %d\n", var);
    var++;
    printf("\n 静态变量 var 在 func2 中的终值 %d\n", var);
}
void func3 ( void ) {
    printf("\n 全局变量 var 在 func3 中的初值 %d\n", var);
    var ++;
    printf("\n 全局变量 var 在 func3 中的终值 %d\n", var);
}
```

该示例中，只有 main 函数内部及上方插入空行，其他函数之间并没有插入。从阅读该程序的人看来，这段程序的可读性如何呢？大概都会给出“勉强能读”的评价吧。

实际验收、修复程序时，才能真正体会这种所有函数紧贴在一起的程序多么影响工作效率。特别是项目收尾阶段，需要全面维护程序时，这种影响尤为严重。截止日期迫在眉睫，尤其需要提高工作效率。如果要在截止日期前阅读并验收上百个这种代码，实在是件棘手的任务。这种程序具有如下缺点。

函数之间无空行的缺点

1. 难以掌握函数的起始位置和结束位置。

2. 难以了解程序由几个函数组成。

3. 难以定位某个特定函数。

因此，为了提高程序可读性，需要在各函数之间插入足够多的空行。下列示例在各函数之间插入 3 行空行，很容易区分。

示例　**函数之间插入若干空行**

```
#include <stdio.h>

void func1 ( void );
……中略……

void func2 ( void );
void func3 ( void );

int var = 1;

int main(void) {
    int var = 2;
    printf("局部变量 var 在代码块外部时的值 %d\n", var);
    {
        int var = 3;
        printf("局部变量 var 在代码块内部时的值 %d\n", var);
    }

    printf("局部变量 var 在代码块外部时的值 %d\n", var);

    func1();
    func2();
    func3();

    printf("局部变量 var 在调用结束后的值 %d\n", var);
    return 0;
}



void func1 ( void ) {
```

```
    int var = 4;
    printf("\n 局部变量 var 在 func1 中的初值 %d\n", var);
    var++;
    printf("\n 局部变量 var 在 func1 中的终值 %d\n", var);
}



void func2 ( void ) {
    static int var = 5;
    printf("\n 静态变量 var 在 func2 中的初值 %d\n", var);
    var++;
    printf("\n 静态变量 var 在 func2 中的终值 %d\n", var);
}



void func3 ( void ) {
    printf("\n 全局变量 var 在 func3 中的初值 %d\n", var);
    var++;
    printf("\n 全局变量 var 在 func3 中的终值 %d\n", var);
}
```

各函数之间最好插入几个空行呢？虽然每个程序员的习惯可能不同，但考虑到函数内部一般插入一个空行，那么建议各函数之间最少插入两个空行。因为这样可以保证各函数之间的间距更大，所以依序阅读函数内部代码时，如果遇到间距较大的位置，就能自然而然地意识到下面开始是一个新的函数。而且，程序整体结构很紧凑时，与其他位置相比，间距更大的位置更引人注意，便于阅读。此时，每个函数就像一个个箱子一样清晰可见。建议各位找一个几百行的程序，将函数间距设置为最少 3 行，之后将看到明显的变化。最小间距为 3 行以上时，函数内部将会非常清晰。

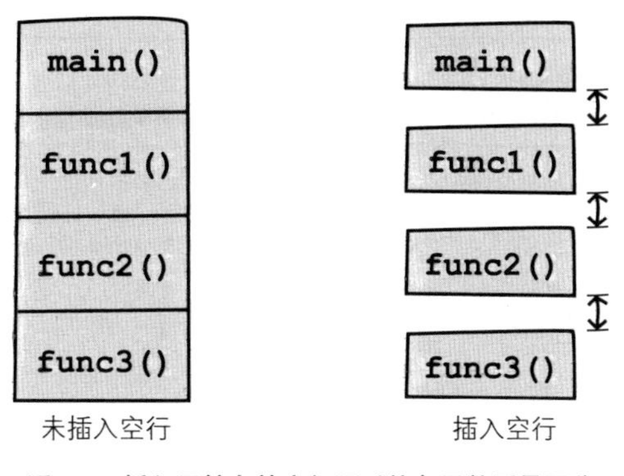

图 3-2　插入足够多的空行可以使各函数更易区分

提示　API

API 是操作系统提供的一种库，以函数形式调用。不同操作系统提供的 API 名称各不相同，Windows 系统提供的 API 称为 WIN32 API，SDK 提供包含 WIN32 API 在内的各种函数的说明文档。Linux 操作系统中，与 SDK 对应的是 GTK+。

MFC

MFC 是 API 的一种。与 WIN32 API 提供 C 语言形式的函数不同，MFC 是一种提供 C++ 类的库。同时，WIN32 API 存在分类整理混乱、使用不便的问题，而 MFC 则按用途分类，系统性强、使用方便。另外，MFC 只将 WIN32 API 中的常用函数单独整理为类的形式，方便调用；但 WIN32 API 提供的函数远比 MFC 更丰富。而且，MFC 提供的函数会内部调用 WIN32 API 函数，即 MFC 是 WIN32 API 的子集。需要注意，程序调用 MFC 而不再直接调用 API。换言之，MFC 在程序和 API 之间可以屏蔽 API 的复杂性。

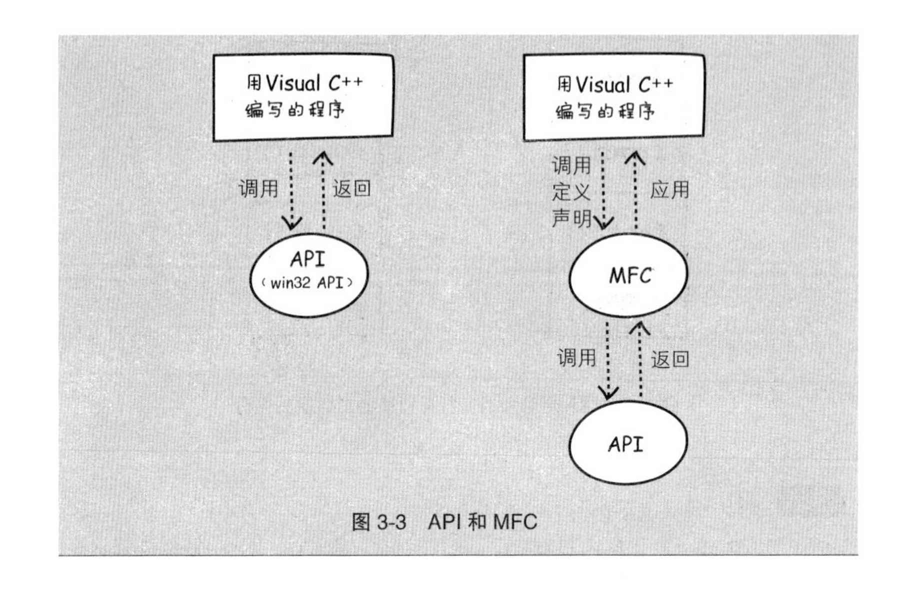

图 3-3　API 和 MFC

提示　模块

模块借用了机器零件的概念。将多个函数组合为一体进行编程的思想称为“模块化编程”。模块化编程相关概念发展为“基于组件的软件开发方式”。模块虽不能等同于零件，但十分类似。

如果没有采用模块化，那么函数内部将包含所有功能，且只能使用 goto 语句控制流程，这必然导致程序逻辑复杂难解。反之，模块化可以有效简化程序。

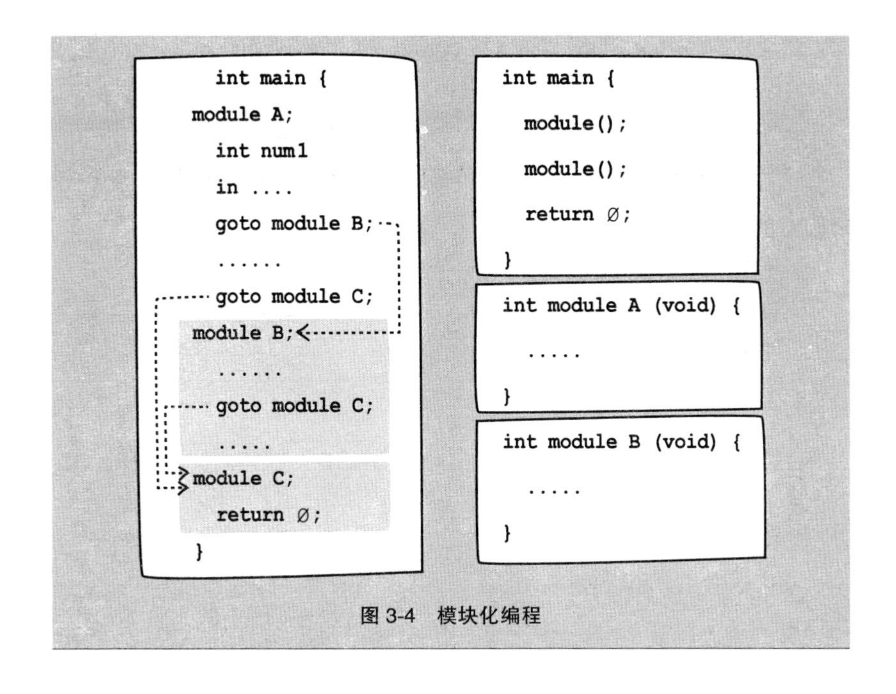

图 3-4　模块化编程

3.6　运算符前后需留出空格

有些程序员误以为，源代码越长，目标代码也越长。因此，他们会走向另一个极端，极力避免使用空格和空行。这些人经常采用的编码风格如下所示。

```
for(x=1,y=1,z=1;x<=y&&x<=z;x++,y--,z++) { ……中略……
```

为什么要使代码挤成一团呢？如果运算符之间留出充足的空间，那么虽然代码长度或宽度会有所增加，但可读性会大为改善，也更易理解。由此，可将上述示例修改如下。

```
for ( x = 1, y = 1, z = 1;  x <= y && x <= z;   x++, y--, z++ ) {
……中略……
```

这段代码中，所有运算符之间都留出 1~2 个，有时甚至是 3 个空格的空间。

与其用

```
for();
```

不如用

```
for ();
```

明确区分 for 和括号；

用

```
x=1
```

代替

```
x = 1
```

在运算符前后各插入一个空格，使前后部分更加明确；分号后插入更多空格，可以使条件表达式、判断表达式、增减表达式更易区分。不要死板地限制空格的使用，不同情况下，适当插入一个或多个空格，可以使一条语句中连续使用的多个表达式层次更清晰。

有些程序员会事先规定编码时应该在运算符前后空几格、条件表达式前后空几格等原则，这是非常好的编码习惯。即使没有人制定这些规则，也建议各位自己制定后再编码。

3.7 不要在一元运算符与操作数之间插入空格

++、-- 这种只需要一个操作数的运算符称为一元运算符。总有程序员会犯如下错误，在操作数和一元运算符之间插入空格。

```
++ p;
```

在一元运算符 ++ 和操作数 p 之间插入空格会导致什么问题呢？首先，大部分编译器会弹出警告信息；另外，会使代码不易理解。例如，下列代码就很难理解。

```
f = a + ++ b - c - -- d + e;
```

如下所示，将一元运算符和操作数紧贴在一起，使代码更易理解。

```
f = a + ++b - c - --d + e;
```

为了进一步提高代码可读性，还可以考虑如下所示使用括号。

```
f = a + (++b) - c - (--d) + e;
```

3.8 分号前不要插入空格

有时，人们会在分号前插入若干空格，以对齐各语句末尾部分。但这种情况也会导致疑问：“分号和语句之间是否漏掉了某些标识符？”如下所示。

```
numbeNine = NumberTen;
num1=num2             ;
```

因此，不要在分号前插入空格，而应当如下所示，语句结束后立即输入分号。

```
numbeNine = NumberTen;
num1 = num2;
```

3.9　不要滥用Tab键

初级程序员经常犯的错误之一就是滥用 Tab 键。我们应当有节制地使用空格，如果滥用 Tab 键插入太多空格，反而会降低代码可读性。请看下列代码。

```
if          (num1 = num2)     {
            number3     =  num1;
            num2++;
}
```

代码中，原本敲一两次 Space 键空出一两个空格即可，反而因为用 Tab 键产生了太多空格。特别是使用 PE 这种横向 / 纵向区域固定的编辑器编写代码的程序员，更倾向于使用 Tab 键。虽然不知道编辑时是否真的方便，但这种做法损害了程序可读性却是事实。因此，为了提高可读性，即使编辑代码时略有不便，也应该如下所示，有节制地使用空格。

```
if(num1 = num2) {
    number3 = num1;
    num2++;
}
```

3.10 逗号后必须插入一个空格

罗列函数参数时，需要用逗号区分各参数，如下所示。

```
scanf("%d %d %d",&number1,&number2,&count,&county);
```

但示例中，逗号后没有留出一个空格，所以并不容易区分各参数。特别是 count、country 这种变量名称相似的参数相邻时，更容易混淆。因此，逗号后应该留出 1~2 个空格，以更好地区分各参数。如下所示。

```
scanf("%d %d %d",  &number1,  &number2,  &count,  &county);
```

与之前的代码相比，上述代码的可读性明显更高。

3.11 逗号后不要插入太多空格

之前说过，逗号后要留出 1~2 个空格，但这并不意味着空格越多越好。过多空格同样会损害代码可读性。下列代码是初级程序员有时会编写的代码样式。

```
printf("总计%d,          合计%d。",          totalSum,       netSum    );
```

编写这段代码的人的本意是使代码看起来更加清晰，但结果适得其反。

究其根源，编程语言是在模仿人类语言的基础上设计的。因此，可以参考人类语言中经常使用的缩进习惯，并将其套用到编程语言。我们日常中绝不会使用如下形式的句子。

```
我们公司去年的累计销售额是        30亿韩元。             所以
今年我们以        60亿韩元        的销售额为目标。
```

如果真的有人这样写句子，那么大概是想强调“30 亿”和“60 亿”这两个数字。为表示强调，按照规范的拼写方法和缩进规则，应该写成如下样式。

```
我们公司去年的累计销售额是'30亿韩元'，
所以今年我们以'60亿韩元'的销售额为目标。
```

用单引号代替空格强调特定部分，既遵守了拼写规则，又方便阅读。

但 C 语言中并没有特定的表示强调的方法，这就导致初级程序员采用左右留出大量空格的方法以强调特定部分。但这会严重损伤代码的可读性。因此，如果一定要表示强调，可以考虑按如下样式，通过添加注释强调特定语句。

```
// 注意 ：明确区分totalSum和netSum参数的用处。
// 总计（totalsum）指全年累计销售额，
// 合计（netsum）指全年累计销售额减去附加税后的剩余总额。

printf("总计%d，合计%d。", totalSum, netSum);
```

3.12 变量初始化时的列对齐

包括 main() 这种驱动函数在内，几乎所有函数都会用到变量声明，而且大部分变量声明语句都会集中在一处。变量的初始化通常也会同时进行，这部分通常称为变量声明部分，如下所示。

```
int main(int, int) {
    int enterYear = 2012
    int enterMonth = 01
    int exitYear = 2015
    int exitMonth = 12
    int newItemStock = 0
    int newItemFlow = 0
    long double statOfNewItemStock = 0
    long double statofoldItemStock = 0;
    double bankCredit = 0
    double bankDebit = 0
    ……中略……
}
```

将变量的声明语句和执行语句分别集中到不同部分，这样有利于管理变量。下面更深入地思考这个问题。上述示例看起来似乎有些问题，其可读性不尽如人意。不知为何，代码看起来特别复杂。那么应该如何解决这个问题呢？首先想到根据变量的用途，利用空行进行区分。这种方法在本书的其他章节也有所介绍。展开讨论前，先看下列代码。

```
int main(int, int) {
    int enterYear = 2012
    int enterMonth = 01

    int exitYear = 2015
    int exitMonth = 12

    int newItemStock = 0
    int newItemFlow = 0

    long double statOfNewItemStock = 0
    long double statofoldItemStock = 0;
```

```
    double bankCredit = 0
    double bankDebit = 0

    ……中略……
}
```

仅插入几个空行即可大大改善代码可读性。更进一步思考，还可以使用 Tab 键，对齐各变量初始值所在列，如下所示。

```
int main(int, int) {
    int enterYear        = 2012
    int enterMonth       = 01

    int exitYear         = 2015
    int exitMonth        = 12

    int newItemStock        = 0
    int newItemFlow         = 0

    long double statOfNewItemStock  = 0
    long double statOfOldItemStock  = 0;

    double bankCredit       = 0
    double bankDebit        = 0

    ……中略……
}
```

这种对齐初始值所在列的方法很常见，但它真的有助于改善可读性吗？并不尽然。如果仅仅为了遵守公司“对齐初始值所在列”的编码规则而机械化地对齐，反而会损害代码可读性。公司制定这条规则的本意是，在提高而不是损害可读性的范围内对齐列。因此，应该如下所示，在合适的范围内，即不能插入过多空格的前提下，对齐初始值所在列。

```
int main(int, int) {
    int enterYear  = 2012
    int enterMonth = 01

    int exitYear   = 2015
    int exitMonth  = 12

    int newItemStock     = 0
    int newItemFlow      = 0

    long double statOfNewItemStock  = 0
    long double statOfOldItemStock  = 0;

    double bankCredit = 0
    double bankDebit  = 0

    ……中略……
}
```

仔细观察 newItemStock 变量所在部分。此处的初始值完全可以向左侧再靠拢一些，但实际并没有这么做。如果将此处的初始值向前靠拢对齐，则代码如下所示。

```
int main(int, int) {
    int enterYear  = 2012
    int enterMonth = 01

    int exitYear   = 2015
    int exitMonth  = 12

    int newItemStock  = 0
    int newItemFlow   = 0

    long double statOfNewItemStock  = 0
    long double statOfOldItemStock  = 0;
```

```
    double bankCredit = 0
    double bankDebit  = 0

    ……中略……
}
```

如果按照这种方式整理初始值，那么阅读这段代码的人多少都会思考，变量声明部分第一行代码中的 enterYear~newItemFlow 是否存在某种关联性。如果变量名类似，人们就更会追究其中的关系。当然，前面示例中，变量名都具有一定含义，所以只要观察即可得知它们用途不同。

总之，初始值应该按列对齐，但也要考虑变量的含义，通过空格的多少控制不同含义的变量初始值在不同位置对齐。

3.13 一行只声明一个变量

有些程序员会在同一行声明多个变量，如下所示。

```
int number1, number2, number3;
double number4, number5, number6;
```

无论这种形式的标记方法是否简便，它都存在其他问题。仅从外观看，不，更加准确地说，仅从程序的标记形式看，似乎并没有什么问题。但实际上，C 编译器会将上述变量声明代码翻译为如下形式。

```
int number1, int number2, int number3;
double number4, int number5, int number6;
```

number5 和 number6 被意外声明为 int 型。为什么会这样呢？ C

语言中，如果变量前面没有指明变量类型，那么会默认将变量的数据类型指定为 int 型。这也就导致了与程序员意愿相违背的编译结果。

初级码农经常会出现这种失误。因此，如果考虑准备制定编码风格规则，那么应该如下所示，规定“一行只声明一个变量”。

```
int number1;
int number2;
int number3;
double number4;
double number5;
double number6;
```

如果非要合并多行以声明变量，可以考虑如下所示，在一行中声明多个变量并用分号隔开。

```
// 用分号隔开各变量
int number1; int number2; int number3;
double number4; double number5; double number6;
```

既然说到了这种方法，其实还可以用逗号隔开各变量。

```
// 用逗号隔开各变量
int number1, int number2, int number3;
double number4, double number5, double number6;
```

虽然也可以使用这种方法，但其实一行只声明一个变量的方法最规范。并且，如果一行只声明一个变量，那么该语句旁边还可以添加相应的注释语句，可谓锦上添花。

第 4 章

缩进相关编码准则

4.1　大括号的位置

4.2　统一大括号的位置

4.3　内部代码块需要缩进

4.4　输出部分需要缩进

4.5　不要毫无意义地缩进

4.6　保持缩进程度的一致性

4.7　选择合适的缩进程度

4.8　不要编写凸出形式的代码

4.1 大括号的位置

对于标识函数或代码块起点和终点的大括号缩进问题，我们应当予以重视。因为，大括号如何缩进将直接关系到程序可读性。关于缩进风格，程序员之间进行过激烈的讨论。第一种风格是，大括号始终与语句位于同一行。

示例 **第一种风格：大括号和语句位于同一行**

```
while(!END) {
    printf("Continue ... ");
    continue(); }
if(next == TRUE) {
    go_next();
    go_on(); }
else {
    go_prev();
    go_on(); }
```

这种风格在C语言出现早期很常见。当时，使用C语言的程序员人数少、编码经验不足、正式的C语言编码标准尚未确立，甚至连C语言编码的惯例都还未形成。现在看来，按当时流行的这种风格编写的程序很难理解。因为要想知道函数或代码块从何处开始、到何处结束，就不得不留意所有语句的最右侧。

之后，随着C语言编码经验的不断累积，人们对编码风格的重视度也越来越高，第二种风格应运而生。当然，也有一部分有远见的程序员在C语言问世之初就采用了第二种风格，即大括号另起一行的形式。

示例　**第二种风格：大括号和语句分占不同行**

```
while(!END)
{
    printf("continue ... ");
    continue();
}
if(next == TRUE)
{
    go_next();
    go_on();
}
else
{
    go_prev();
    go_on();
}
```

虽然这种方式会增加程序的长度，但大括号更能突显各代码块的起止点，所以深受程序员的喜爱，并逐渐成为一种惯例。

这些程序员中，逐渐分化出一部分人，他们提倡使用第三种风格。当然，在第二种风格出现的同时，就已经存在第三种风格的支持者。第三种风格是，左半边大括号与语句在同一行，右半边大括号另起一行。

示例　**第三种风格：第一种和第二种风格混合**

```
while(!END) {
    printf("continue ... ");
    continue();
}
if(next == TRUE) {
    go_next();
```

```
        go_on();
    }
    else {
        go_prev();
        go_on();
    }
```

第三种风格兼具第一种和第二种风格的优点，既可以像第一种风格一样缩短代码的长度，同时也能明确标识代码块和函数的起止点。现在，几乎所有程序员都采用这种风格编码。

一部分程序员主张，标识函数的起始部分时采用第二种风格；而标识其他包括控制结构在内的一般代码块的起始时，采用第三种风格。

示例　**函数和其他类型的代码块采用不同风格**

```
void main(void)
{ /* <-- 包含main函数在内的所有函数的大括号独立成行。*/
    ……中略……
    while(!END) { /* <-- 其他情况下使用的大括号的左半边括号与第一条语句位于同一行。*/
        printf("continue ... ");
        continue();
    }
    ……中略……
}
```

这种新的风格有助于区分函数和其他代码块，所以有必要重视主张这种新风格的人的意见。

4.2 统一大括号的位置

我们可以将函数视为缩进的典型示例，下面以最简单的 main 函数为例，进一步探讨相关问题。

示例　**主体部分未缩进**

```
void main()
{
printf("缩进示例 \n");
}
```

上述示例中，代码完全没有缩进。程序很简单，所以很容易区分函数头和函数体。但随着程序长度的增加，这种区分就会变得越来越困难。因此，函数体最好比函数头更缩进一些。

示例　**只缩进函数体**

```
void main()
{
  printf("缩进示例 \n");
}
```

如果按照上述示例缩进，就会很容易区分 main() 函数包含的部分，即函数体。

提示

程序员的个人习惯不同，缩进的字符数也不尽相同。一般 2~4 个字符是比较合适的，即按键盘上的空格键 2~4 次，超出 4 个字符则有些过多。按这种格式缩进几个阶段后，剩下的可供编写真正代码的空间就不足了；而只缩进 1 个字符的话，则几乎看不出有缩进。因此，从便于操作的方面考虑，可以缩进 2 个字符；从便于阅读的方面考虑，可以缩进 4 个字符。

此处又会出现另一个疑问。函数体起始部分的大括号为什么没有缩进呢？如下所示，效果又会如何呢？

示例　**大括号也缩进**

```
void main()
    {
    printf("缩进示例 \n");
    }
```

如此缩进大括号后，从语句层面看并无太大问题，但随着函数体长度的增加，明确判断函数的结束位置就会越来越难。也就是说，如果大括号不缩进，则很容易掌握函数结束的位置。即之所以对大括号不进行缩进操作，是为了方便掌握函数的结束位置。右半边大括号很重要，因为它负责标识函数的结束位置。

4.3　内部代码块需要缩进

那么，函数体内的其他代码块应当如何编写呢？如下所示，函数内部存在其他代码块。

示例　**对函数内其他代码块严格执行缩进操作**

```
int main(void) {
    int var = 2;
```

```
    printf("局部变量var在代码块外部时的值 %d\n", var);

    ……继续

    {
        int var = 3;
        printf("局部变量var在代码块内部时的值 %d\n", var);
    }
    printf("局部变量var在代码块外部时的值 %d\n", var);
    return 0;
}
```

提示

代码块是指用大括号包围起来的语句集合。有必要区分几条语句和其他语句时，通常可用大括号包围这些语句，生成代码块。

如上述示例所示，标注代码块起点和终点的大括号应与函数主体语句的开始位置对齐。而且，代码块内部语句应该比大括号的位置再稍微缩进几个字符。如果不遵循这些原则，代码的可读性就会降低。

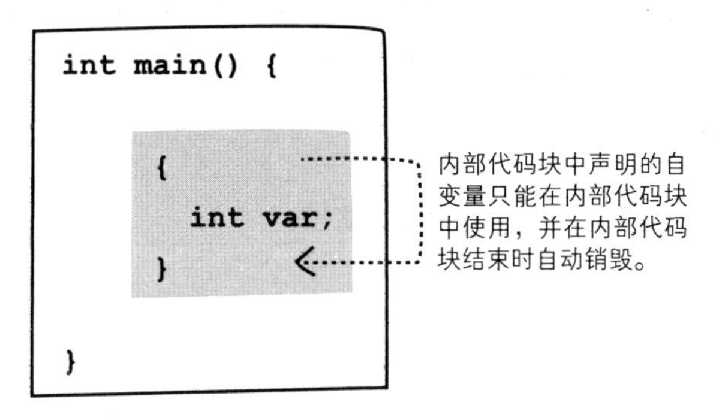

图 4-1　内部代码块的意义

为便于理解，我们将代码块划分为若干子块进行观察。首先，如下所示，代码完全没有缩进。代码块没有缩进会导致代码难以理解。

示例 **代码块没有缩进时结构混乱**

```
int main(void) {
    int var = 2;
    {
    printf("局部变量var在代码块外部时的值 %d\n", var);
    }
    {
     ……中略……
    int var = 3;
    {
    printf("局部变量var在代码块内部时的值 %d\n", var);
    }
    }
    {
    printf("局部变量var在代码块外部时的值 %d\n", var);
    return 0;
    }
}
```

即使代码如此简单，如果包含多个代码块却没有合理缩进，代码结构也会变得极其混乱。但相同代码经过缩进并重新编写后，可以变得非常清晰易懂。

示例 **代码块严格缩进后条理清晰**

```
int main(void) {
    int var = 2;
    {
        printf("局部变量var在代码块外部时的值 %d\n", var);
    }
```

```
    {
        int var = 3;
        {
            printf("局部变量var在代码块内部时的值 %d\n", var);
        }
    }
    {
        printf("局部变量var在代码块外部时的值 %d\n", var);
        return 0;
    }
}
```

这种“代码块缩进”虽不像“函数缩进”那么常用，但编写复杂冗长的代码时会发挥巨大作用。特别是针对不同代码块内使用各种局部变量的情况，缩进的作用就更为突出。因此，一定要遵循“代码块必须缩进”的准则。

4.4 输出部分需要缩进

使用控制语句的情境最能体现缩进的效果。控制语句可以分为负责提供控制的判断部分和接受控制的输出部分。

示例 **输出部分缩进**

```
if (num1 == num2)
    printf("%d和%d相同。\n", num1, num2);
```

上述示例中，第一行代码是判断部分，第二行是输出部分。根据不同的控制条件，输出部分代码可能会被运行，也可能不运行。正因为控制条件会影响输出部分，所以需要用缩进以示区分。

但是，如果不缩进输出部分，代码又会怎样呢？

示例　**输出部分不缩进**

```
if(num1 == num2)
printf("%d和%d相同。\n", num1, num2);
```

非程序编写者本人阅读这段输出部分未缩进的代码时，首先会想，判断部分——即 if 开始的那行——后面是不是省略了什么内容。也就是说，会误认为代码如下所示。

示例　**输出部分不缩进则容易混淆**

```
if(num1 == num2) <省略了某些语句;>
printf("%d和%d相同。\n", num1, num2);
```

面对这种代码，与缩进输出部分语句相比，很多程序员更倾向于在判断部分语句之后插入某些貌似被省略了的语句。还有些程序员会如下所示，直接在判断部分所在行后添加分号（;），将其修改为看似更完整的语句。

示例　**不缩进输出部分而将判断部分补充为完整语句**

```
if(num1 == num2);
printf("%d和%d相同。\n", num1, num2);
```

这种做法会使输出部分变得与控制条件毫无关联，成为一条必然会被执行的代码，进而产生致命的逻辑错误。

输出部分包含多条语句时，可以将其写成一个代码块，此时缩进就会变得很自然。如下所示，将输出部分写成一个代码块后，代码块本身就像缩进后一样，明确标出了输出部分的起点和终点。下列代码中，虽然没有将输出部分的内容缩进，但输出部分从何处开始、到何处为止都一目了然。

示例　**输出部分包含多条语句**

```
if(num1 == num2) {
printf("%d和%d相同。\n", num1, num2);
printf("%d和%d相同。\n", num3, num4);
}
```

因此，如果很难将所有输出部分全部缩进，可以尝试将输出部分写成代码块的样式。这同样适用于输出部分只包含一条语句的情况。这种不必要的大括号又称为冗余大括号，本书其他章节会单独讨论冗余大括号的相关内容。

示例　**输出部分只包含一条语句**

```
if(num1 == num2) {
    printf("%d和%d相同。\n", num1, num2);
}
```

所有输出部分未缩进都是程序员的疏忽造成的吗？即使程序员注意到了这一点，仍会有些人因为以下原因选择编写输出部分未缩进的源代码。

程序员选择不缩进的理由

1. 全部精力集中于项目本身，对缩进并不关注。

2. 改写代码并将原始代码文件移植到其他系统平台的过程中，缩进不知不觉地消失了。

因此，一定要检查源代码的缩进是否合乎规范。

需要检查缩进的时间点

1. 程序完结之前；
2. 与他人进行程序交接之前；
3. 文件改写完成之后。

4.5 不要毫无意义地缩进

初级程序员有时会做一些毫无意义的缩进，如下所示。

示例 **毫无意义地缩进**

```
int main(void) {
    printf("不要毫无意义地缩进。\n", var);
        return 0;
}
```

这段代码中，`return 0;` 这条语句没有缩进的必要，它完全可以和上面的语句对齐。换言之，这条语句并不受上面语句的控制。

即使如此也要将其缩进的理由是，为了突出 `return 0;` 这条语句。初级程序员认为这样做可以提高程序可读性。但这远不如下面示例那样，用注释等形式标注想要强调的部分会更清晰。

示例 **用注释而非缩进以突出想要强调的部分**

```
int main(void) {
    printf("不要毫无意义地缩进。\n", var);
    /*** 程序终止 ***/
```

```
    return 0;
}
```

上述示例只有几行代码，而在包含数十条语句的程序中，初级程序员的失误更是接二连三。他们会为了表示强调，而将程序中的大部分代码缩进到与其他代码不同的位置。

但非代码编写者本人看这段代码时，经常会产生疑惑："缩进部分前面是否漏掉了某些控制语句?"前面示例中做过一些毫无意义的缩进，这很容易导致人们误认为其是输出部分。

示例 **毫无意义地缩进导致被误认为是输出部分**

```
int main(void) {
    printf("不要毫无意义地缩进。\n", var);
    <此处需要补充控制语句吗? >
        return 0;
}
```

产生这种想法后，人们通常会为了验证为什么需要控制语句而逐一检查其他语句。但如果原来的缩进本就与控制语句无关，那么就很难找到插入控制语句的理由。结果通常是浪费了大量时间后，才察觉到并没必要插入控制语句，程序的最初编写者只是为了表示强调才缩进的。

因此，不要用毫无意义的缩进误导其他人在无益于开发的工作上浪费精力。如果只想表示强调，那么完全可以用添加注释等方式代替缩进。

4.6 保持缩进程度的一致性

有些程序员习惯根据语句的嵌套深度决定缩进程度。嵌套层数越深，相应需要缩进的字符数越多。如下所示。

```
if(counter1 == 1) {
  if(counter2 == 10) {
      if(counter3 == 100) {
              if(counter4 == 1000) {
                          if(counter5 == 10000) {
                                          ……中略……
                          }
              }
      }
  }
```

这是一种很常见的编码风格，其可读性如何呢？虽然我们可以理解，这种风格意图用缩进程度表示语句嵌套深度。但从可读性层面看，这并不是一种好的方法。下列代码保持固定的缩进字符数，缩进程度与嵌套深度并不相关，但其可读性明显优于前者。

```
if(counter1 == 1) {
    if(counter2 == 10) {
        if(counter3 == 100) {
            if(counter4 == 1000) {
                if(counter5 == 10000) {
                    ……中略……
                }
            }
        }
    }
}
```

但这种方法的问题在于，代码增长到一定程度后，各层嵌套的起点和终点就会很难辨认。此时可以如下所示，添加与嵌套深度相匹配的注释以示区分。

```
if(counter1 == 1) {  // 第1层if嵌套
    if(counter2 == 10) { // 第2层if嵌套
        if(conter3 == 100) { // 第3层if嵌套
            if(conter4 == 1000) { // 第4层if嵌套
                ……中略……
            } // 第4层if嵌套结束
        } // 第3层if嵌套结束
    } // 第2层if嵌套结束
} // 第1层if嵌套结束
```

总之，请不要用缩进程度表示嵌套深度。

4.7 选择合适的缩进程度

缩进多少才是最合适的呢？关于这个问题众说纷纭，但通常，4 个字符（4 个空格）的程度为最优。有人认为 2 个字符最合适，也有人认为 8 个字符更好。但只缩进 2 个字符时，缩进太浅、不明显；缩进 8 个字符时，又会显得缩进太深。下面以 if 嵌套语句的缩进进行比较。

```
// 只缩进2个字符
if(counter1 == 1) {
  if(counter2 == 10) {
    if(conter2 == 100) {
      ……中略……

// 只缩进4个字符
if(counter1 == 1) {
    if(counter2 == 10) {
```

```
        if(conter2 == 100) {
            ……中略……

// 只缩进8个字符
if(counter1 == 1) {
        if(counter2 == 10) {
                if(conter2 == 100) {
                        ……中略……
```

每个人的判断标准是不一样的，所以很难从中明确选出可读性最好的一个，但其中最无可挑剔、最广为采纳的就是缩进 4 个字符的情况。

不管怎样，缩进既不能过浅，也不能过深。这才是核心原则。

4.8 不要编写凸出形式的代码

前文介绍了代码缩进相关内容，下面讨论代码凸出的问题。虽然不知道现在是否还有人这样做，但我确实见过有人编写如下样式的代码。

```
  if(num1 = num2) {
num1 = 10;
num2 = 100;
  }
```

这些人通常将编写上述代码的理由归结为，为了强调代码块内的内容，即凸出的部分。还有人解释为，在编译调试过程中需要特别注意该部分，所以凸出书写以示强调。针对这些一定要表示强调的情况，建议各位如下所示，在相应部分上下各空一行，书写相应注释。

```
if(num1 == num2) {

    /* 需要注意的部分的起点 */
```

```
    num1 = 10;
    num2 = 100;
    /* 需要注意的部分的终点 */

}
```

从根本上看，并不是要看情况决定是否采用该方法，而是无论什么情况都不要编写凸出形式的代码。因为从本质上说，凸出书写的代码和在稿纸边缘以外写字是完全一样的。

第5章

注释相关编码准则

5.1 多种注释形态
5.2 区分单行注释和注释框
5.3 添加“变量字典编写专用注释”
5.4 向程序插入伪代码
5.5 通过注释标注程序目标
5.6 程序起始部分必须添加头注释
5.7 在等于运算符旁添加注释
5.8 在大括号闭合处添加注释
5.9 在函数内部添加详细介绍函数的注释
5.10 注释标记原则

5.1 多种注释形态

```
/* 编写者 : 洪吉童 */
/* 日期 : 2004年 10月 20日 */
```

上述注释是用文字处理器编写的。如果可以在代码中应用文字装饰效果，那么能通过这种“黑体”效果突出需要特别强调的部分。但可惜的是，程序专用编辑器并不提供这种功能，因为默认必须将代码写成单纯的文本文件形式。

正因如此，程序员设计了多种注释形态，以实现各类装饰效果。下面从最简单的形态开始介绍。

5.1.1 不包含强调内容的单行注释

下面是最常见的注释形态。没有需要特别强调的内容时，可以编写这种单行注释，便于阅读。

```
/* 单行注释常用于注释程序主体代码。*/
```

5.1.2 包含强调内容的单行注释

存在需要特别强调的内容时，可以使用经过如下装饰的单行代码。

```
/*--> 注意 : 需要处理错误信息 <--*/
```

再举一个例子。

```
/*>>>>>>> 精密计算例程 <<<<<<<<<<*/
```

如何装饰单行注释取决于程序员的个人喜好。无论使用何种特殊字符，只要它们能够吸引眼球，并能明确标识注释的起止点即可。

5.1.3 不包含强调内容的多行注释

不包含需要特别强调的内容的多行注释如下所示。

```
/*
* 可通过此种形式编写包含多行语句的注释。
* 没有需要特别强调的内容，但需要用较长的句子进行更准确的说明时，使用
  此类注释。
*/
```

有时，需要在中段插入特殊字符区分注释中的内容，如下所示。

```
/*
* 校验模块的输入值。
* -----------------------------------------------
* input1 : 总计，不能使用浮点数。
* input2 : 合计，用于与平均值比较，判断二者之间的误差是否过大。
*/
```

5.1.4 包含强调内容的多行注释

编写多行注释时，如果需要特别强调包含的代码部分或注释内容的顺序，则多采用如下形态。

```
/*****************************************************/
/*!!!!!!!!!!!!            警告(warning)          !!!!!!!!!!!!*/
/*****************************************************/
/* 需要特别注意这段程序，因为它是列车控制模块。                 */
/* 所有数据都必须经过精确校验，并通过数十次测试以确保万无一失。   */
/*****************************************************/
```

也有些程序员会采用稍微简单些的形态编写注释，具体风格如下所示。

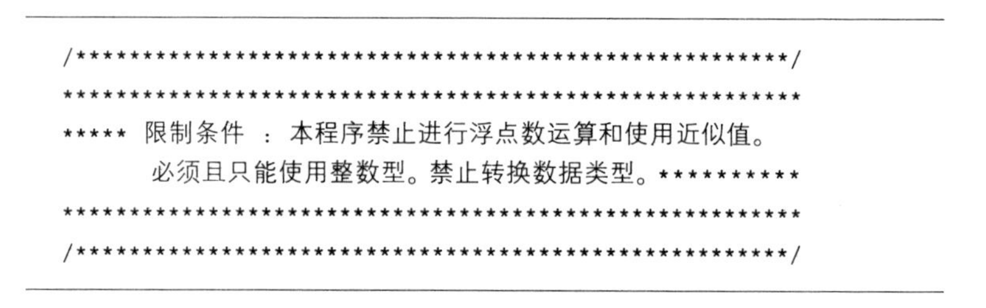

```
/*******************************************************/
********************************************************
*****  限制条件  ：本程序禁止进行浮点数运算和使用近似值。
         必须且只能使用整数型。禁止转换数据类型。***********
********************************************************
/*******************************************************/
```

无论采用何种形式编写，注释最主要的用途是引起程序员的注意。不要纠结于外观，只要能最大限度地吸引眼球即可。

5.2 区分单行注释和注释框

注释形式可大致分为两类。

- 单行注释
- 非单行注释（多行注释）

各位可能会对这种划分不以为意，但我认为这是非常重要的话题。程序员经常混用单行和多行注释，初级程序员甚至经常在程序或函数的起始部分采用单行注释。

示例 **在程序起始部分采用单行注释**

```
/* 控制主文件的程序。*/
#include <stdio.h>
……中略……


/* 求和函数。*/
```

```
int Total(int *Avr, int *Sum) {
```

这种单行注释怎么可能详细说明程序或函数呢？还不如将其用于程序主体语句。

示例　**正确使用单行注释**

```
masterFp = fopen("master.dat", "r+");

for(;;) {
   file_position = ftell(masterFp);

    /* 如果文件结束，则关闭文件并返回。*/
    if (fgets(read_line, sizeof read_line, masterFp) ==
NULL) {
        unlock();
        fclose(masterFp);
        return FALSE;
}
……中略……
fclose(masterFp);
```

这种单行注释适用于补充说明程序主体语句，无法提供足够多的程序或函数的信息。因此，需要说明程序或函数时，应该采用多行注释。

通常，多行注释又称“注释框”或“块注释”。

注释框典型示例如下。

示例　**正确使用注释框**

```
/* ========================================== */
/* 原程序名 : functcall.c                      */
/* 可执行程序名 : functcall.exe                */
```

```
/*                                                                 */
/*  目标 : 调用各文件操作函数，并保存运行结果。                    */
/*                                                                 */
/*  编写者 : 洪吉童                                                */
/*  最初编写日期 : 200x年 xx月 xx日                                */
/*  第1次修改日期 : 200x年 xx月 xx日 (田禹治)                      */

……中略……

/*  整理函数调用语句以便阅读                                       */
/*  第2次修改日期 : 200x年 xx月 xx日 (田禹治)                      */
/*  改进函数和函数调用                                             */
/*  ============================================================== */
#include <stdio.h>

……中略……
```

注释框包含程序名、目标、编写者、修改者、编写日期和修改日期等众多信息，方便人们理解程序。除此之外，只要程序员愿意，还可以增加任意信息。注释框相当于程序的参考文献，对于大规模项目尤为重要。实际上，程序员可以从注释框提供的信息中获得比程序代码本身更多的线索。

因此，如果希望成为经验丰富的程序员，就应该在程序或函数（C++ 程序则包含类在内）的起始部分采用注释框，而不是单行注释。程序员应该在注释框中提供尽可能多的信息，所以不是任何地方都能采用注释框。初级程序员通常根本不用或滥用注释框，基于这一点，可以很容易识别初级程序员编写的程序。如下代码所示。

示例　**滥用注释框**

```
/*****************************************/
/*  声明int型变量num1和num2。            */
```

```
/* 将两个变量相加，结果保存到double型tot变量。 */
/*****************************************/
int num1, num2;
double tot;

……中略……

tot = num1 + num2;

……中略……
```

这种注释框有存在的必要吗？任何程序员只看代码就能明白其作用，完全没有必要这样事无巨细地说明。因此，任何人都能理解的内容，或代码中明确出现的内容都没有必要添加注释，更没有必要进行详细说明。如果实在想添加，那么单行注释足矣。

示例　**只采用单行注释**

```
/* num1(语文) + num2(英语) = tot(合计) */
int num1, num2;
double tot;

……中略……

tot = num1 + num2;

……中略……
```

总之，程序主体语句中不要使用注释框。若实在需要，则应采用单行注释，主要标注程序代码本身没有体现的信息。

只要遵守这两个原则，就会逐渐成长为熟练的程序员。另外，注释应该以 /* 开始、以 */ 终止，也有人会误写为以 */ 开始、以 /* 结束的情况。此时，编译器会提示错误信息。这种简单的失误可能导致数十行甚至数百行错误信息的生成。因为非注释部分被当成注释，而真正的注释内容反而被忽略。出现这种错误时，首先要确认是否正确标识注释起止点。C++ 中，可以用 // 作为起始符标识单行注释，所以比 C 语言更容易标注。从 C99 开始，C 语言也支持这种单行注释。

5.3 添加“变量字典编写专用注释”

如下所示，变量右侧即为单行注释最常见的位置。

```
int n1, n2, n3;
```

这种形式的变量声明语句在较短的程序中最常见。但即使程序本身较短，要想知道各变量的作用，也不得不遍历整个主体部分。

因此，最好如下所示，通过便于理解的变量名定义变量。

```
int area, wide, height;
```

但仅靠这种方法并不足以解决问题。变量的单位是米还是厘米、计算的是何处的面积等，这类信息无法从变量名中获取。有没有其他方法可以对变量做更详细的说明呢？答案就是注释。

```
int area; /* 面积 : 计算正在施工中的建筑物的地基面积。*/
int wide; /* 宽度 : 以米为单位，计算地基横向长度。*/
int height; /* 高度 : 以米为单位，计算地基纵向长度。*/
```

如上所示，每行只声明一个变量，并在变量旁添加详细注释。这种方法也可以称为“变量字典编写专用注释”，简称“字典注释”（diction comment）。

下面是字典注释示例。

```
/*
文件名  : calcarea.dic
文件用途 : calcarea.prj项目所用的main.c, calc.c模块的变量字典 */

/* 1. main.c中的变量 */

int area;     /* 面积 : 计算正在施工中的建筑物的地基面积。*/
int wide;     /* 宽度 : 以米为单位，计算地基横向长度。*/
int height;   /* 高度 : 以米为单位，计算地基纵向长度。*/


/* 2. calc.c中的变量 */

int block_sum;     /* 区划面积和 : 保存城市区划单位的面积。*/
int total;         /* 区域面积和 : 保存新城市区域整体面积。*/
static int area;   /* 保存各单位土地的面积。*/
```

字典注释不仅能够在程序内部描述各变量作用。假设一个程序单元包含数十个乃至数百个模块，各模块都如上所示，为所有变量编写了严格的字典注释。那么，只要将各模块中变量声明的部分复制并保存到同一个文件，则该文件即可视为能够说明所有变量的字典。

这种字典在检查程序时非常重要。外部变量和静态变量、静态变量和自变量中，如果存在变量名相同的情况，变量之间就会产生冲突。例如，某个模块中已经存在名为 area 的变量，如果此时在各模块共用的存储空间内，以外部变量形式使用另一个名为 area 的变量，那么这两个变量就会产生冲突，进而产生始料未及的结果。可以通过字典注释事先确认各变量功能以及各自的变量名，以避免此类情况。

字典注释在程序明细中占据着至关重要的位置，千万不要忘记编写。

提示

C、Java、C++ 等几乎所有编程语言都需要注释，并且存在程序，能够将所有注释单独提炼为一个独立且完备的文本文件。Java 中的 javadoc 就是最具代表性的例子。注释可以称为一种文本化工具，所以严格地为每个变量添加注释有助于利用这种文本化工具编写变量字典。

5.4 向程序插入伪代码

注释的存在是为了使程序便于理解，即为了使包含程序编写者在内的所有人都能轻松理解程序的“目标和逻辑”。

程序的“目标和逻辑”中，“逻辑”可以用伪代码补充。在程序起始部分用注释形式标注伪代码后，程序的整体脉络就一目了然。伪代码可以用日常语言表述，借助伪代码，那些不熟悉 C 或 C++ 这些编程语言的人也可以轻松理解程序逻辑。

下列示例为 C++ 程序。虽然熟悉 C++ 编程的人可以马上看出该程序的运行功能，但其他人理解起来还是非常困难的。

示例　**未标注伪代码**

```
#include <iostream>
using namespace std;
int main(void) {
    int num1, num2, max, min;

    if(num1 > num2) {
        max = num1;
        min = num2;
    }
```

```
    else {
        max = num2;
        min = num1;
    }
    cout << "最大值 : " << max << endl;
    cout << "最小值 : " << min << endl;

……中略……

    return 0;
}
```

从该程序可以看出，仅从程序代码分析其功能和逻辑需要花费较多时间。此时，用注释标注伪代码可以大幅改善情况。下列示例在程序起始部分添加伪代码注释。比较二者可以看出，后者更容易理解。

示例　**标注伪代码**

```
/* [该程序的伪代码]                                          */
/* 预定义表示输入值的整数型变量num1、num2表示最大值和
   最小值的变量max、min。                                    */
/*                                                           */
/* 将接收的两个整数型输入值依次保存到num1和num2。            */
/*                                                           */
/* 如果num1大于num2                                          */
/*      则num1是最大值，将其保存到max                        */
/*      num2是最小值，将其保存到min。                        */
/* 否则                                                      */
/*      互换保存的最大值和最小值。                           */
/*                                                           */
/*      将max输出为最大值，min输出为最小值。                 */
/* [伪代码结束]                                              */
#include <iostream>
using namespace std;
int main(void) {
```

```
        int num1, num2, max, min;

        if(num1 > num2) {
            max = num1;
            min = num2;
        }
        else {
            max = num2;
            min = num1;
        }
        cout << "最大值 : " << max << endl;
        cout << "最小值 : " << min << endl;

    ……中略……

        return 0;
    }
```

上面示例代码很简单，看似并不需要伪代码。但对于数十行甚至更长的程序而言，伪代码非常重要。即使是数十行、数百行的程序，其逻辑也可以仅用10行左右的伪代码简单表示。因此，伪代码对于快速把握程序非常有效。

5.5 通过注释标注程序目标

如前所述，添加伪代码可以使程序逻辑一目了然。但仔细观察会发现，伪代码也并不短。因此，还需要寻找比伪代码更加简练的掌握程序的方法。

将程序的“目标”以注释形式标注于程序最开始的部分。将之前示例重新改写如下。

示例　**已标注编写目标**

```
/* 编写目标：展示最大值和最小值的计算逻辑。                    */
/*                                                              */
/* [该程序的伪代码]                                             */
/* 预定义表示输入值的整数型变量num1、num2，表示最大值
   和最小值的变量max、min。                                     */
/* ……中略……                                                   */
```

从示例代码可以看出，“编写目标”这短短的一行文字更便于人们理解程序。伪代码的主要作用是体现程序的“逻辑”，而不能完全展现“目标”。如果程序本身没有明确标注目标，那么人们阅读该程序时就不得不根据伪代码进行推测。为了减少这种麻烦，编写程序的人最好事先将程序目标用简单的一两行文字进行标注，毕竟自己比任何人都要了解该程序。

标注程序目标时，应该遵守“六何原则”，如下所示。

示例　**遵守六何原则编写注释**

```
/* 何时(when)    编写日期 : 2004年 2月 10日                  */
/* 何地(where)   场    所 : OO 物产 SI 事业部 培训组         */
/* 何人(who)     编 写 者 : 洪吉童 代理                      */
/* 何事(what)    代码性质 : C语言代码 约有20行               */
/* 为何(why)     编写理由 : 最大值、最小值教学               */
/* 如何(how)     编写环境 : 控制台                           */
```

也可以如下所示，通过连贯的语句取代上例中的生硬注释。

示例　**通过语句形式编写注释**

```
/* 2013年9月10日，OO物产SI事业部培训组的洪吉童代理为了辅助最大值和最小值的
   教学工作，编写了约20行C语言代码，实现Windows 8环境下的控制台程序。*/
```

```
/*                                                              */

……中略……

/* [该程序的伪代码]                                              */
/* 预定义表示输入数值的整数型变量num1、num2，表示最大值和最
   小值的变量max、min。                                          */
/* ……中略……                                                    */
```

如上所示，伪代码主要用于反映程序逻辑，而记载程序目标的部分则补充展示了伪代码无法体现的更加丰富的信息。总之，我们应该在程序起始部分用注释形式添加伪代码和程序目标。

提示

不能局限于只在程序起始部分添加这种“目标说明注释”，组成程序的各函数、类的前面都应该添加足够的注释文字。当然，也不要忘记在函数和类的起始部分添加伪代码。

5.6 程序起始部分必须添加头注释

根据美国著名计算机杂志 *Datamation* 在 1980~1990 年的调查结果，应用程序的源代码长度平均为 23 000~1 200 000 行。

而修改由模块单元构建的程序时，需要修改的单元规模仅为几行到几百行。很难找到模块单元的统计数据，所以无法给出模块平均大小。但根据我的个人经验，一个模块的长度不会超过几百行。

无论是数十行的模块还是数百行的模块，它们都是“代码”而不是“小说”。顾名思义，程序“代码”像是无法轻易阅读的符号，所以仅浏览代码很难掌握程序意义。此时正是注释大显身手的时刻。

注释大致可分为“主体注释”和“头注释”两类，主体注释位于程序代码之间，用于说明对应部分的作用；头注释位于程序起始部分，用于指出程序的题目、作者、目标等。头注释相当于名片。我们看名片就可以在一定程度上了解递出名片的人的身份，与这个人的对话过程中可以更详细地了解对方。换言之，我们通过头注释可以首先对程序有整体上的认知，再基于主体注释对其进行更细致的了解。由此可见，头注释对程序说明起着至关重要的作用。因此，应该在头注释中记录尽可能多的事项。COBOL 这种语言要求必须有头注释，但以 C 语言为首的大多数语言则规定，是否添加头注释取决于程序员的意愿。尽管是可选项，但我们仍希望能够“半强制”地添加头注释。遇到需要同时修改有头注释和没有头注释的程序时，这一主张的意义就会立刻显现。有头注释的程序就像是见面之初就郑重地做自我介绍的彬彬有礼的商人，而没有头注释的程序则像是没做自我介绍就开始称兄道弟的“熊孩子”。修改程序就像是商业洽谈，与“熊孩子”相比，和企业家打交道当然更加顺畅。

那么，标注时应该包含什么内容呢？像名片那样能够使整个程序一目了然的内容又是什么呢？参考多家公司的头注释编写准则后，我从中提炼了适合包含在头注释中的一些内容。首先查看下列示例，可谓头注释范本。

示例 **优秀的头注释编写示例**

```
/* 文件名 : newaccnt.c                                          */
/* 出处 : www.gnu.org logcount.c                                */
/* 编写者 : 软件开发2组 洪吉童                                    */
/* 目标 : 读取用户登录记录,                                       */
/* 提供客户服务中心所需的统计数据。                                */
/* 使用方式 : 依靠操作系统中的任务计划程序sched.exe,                */
```

```
/* 每天自动运行一次。                                              */
/* 编译该程序得到可执行文件newaccnt.exe，                          */
/* 必须与sched.exe位于相同目录。                                   */
/* 所需文件 ：读取读模式（r）下的userlog.dat的内容并获取统计
   数据，之后在写模式（w）下的useracnt.dat中记录这些统计数据。*/

……中略……

/* 限制条件 ：1. userlog.dat必须事先存在。                         */
/* 如果该文件不存在，                                              */
/* 则需要检查logcount.exe文件能否正常运行。                        */
/* 2. 该程序必须在凌晨2点之后运行。                                */
/* 需要修改任务计划程序sched.c时，                                 */
/* 请注意不要修改该时间。                                          */
/* 异常处理 ：1. 出现各种错误时，应在errlog.dat中写入错           */
/* 误日志文件，并立即中止程序。                                    */
/* 历史记录 ：1. 2002年3月10日 开始编写最初版                      */
/* 2. 2002年6月5日 修改程序以便能够与任务计划程序联动              */
```

可能有人会认为，编写这种样式的头注释太过繁琐。但请各位千万不要成为爱偷工减料的程序员，一定要站在其他可能修改该程序的人的立场考虑问题，做出尽可能详细的说明。

该注释共包含 8 项内容。根据公司原则或程序员意愿，可以在此基础上增加更多内容。但这 8 项内容是程序运行的必需要素，所以一定要全部包含在内。另外，如果有些程序完全没有所需文件或异常处理部分，可以在相应部分留出空行，或标注“无相应内容”。

该注释所含信息是按照它们对修改该程序的人的重要程度依次排列的，所以这种顺序有着特定含义，大家实际编写注释时最好能遵守这种顺序。需要特别指出，“历史记录”这一项被置于最下方是因为，考虑到其长度可能会不断增长。有些程序修改数十次后仍可能被再次修改。

下面逐项分析应该具体记录的内容。

5.6.1 文件名

文件名记录程序或模块保存到内存时的源文件名。目标文件名或可执行文件名与源文件名不同时，需要同时记录。如果存在其他需要链接的目标代码，可以用 + 符号连接，这样可以供以后修改程序的人编译程序时作为参考。

示例 **说明文件名的注释**

```
/* 文件名 : 源代码 : newaccnt.c                              */
/* 目标代码 : newaccnt.obj + countlib.obj + logapi.obj */
/* 可执行代码 : newaccnt.exe                                 */
```

5.6.2 编写者

编写者（程序员或码农）同时也是享受该程序著作权的作者。虽说与该程序相关的各项权利归公司所有，但作为编写者，完全可以标注自己的名字。同理，如果程序的原作者另有其人，也需要标注该人姓名。盗用他人程序并将其当成自己的成果大肆炫耀时，很容易招人指责。不知道原作者姓名时，应该标清出处。

5.6.3 目标

这一部分应该详细记录为什么要编写这个程序、该程序负责处理什么任务、在整个系统中担任什么角色等。并不局限于揭示程序本身的目标，同时应该展示该程序在所有相关程序中担当的角色。

5.6.4　使用方式

有些程序只需要创建目标文件而不需要可执行文件，这种程序只为其他程序提供函数的库。包含这种特殊情况在内的所有情况都应该详细说明使用方式，因为所有程序的使用方式并不完全一致。有的程序需要用户运行命令以实现每周运行一次，有的程序则每天都会被其他程序调用。虽然这些内容一般会详细记录在系统设置文档中，但只要在程序的头注释中再次记录，那么不必查看设置文档也可以理解程序。

5.6.5　所需文件

虽然文件处理程序并不常见，但只要是负责处理文件的程序，都必须详细记录需要处理的文件名、属性等，同时需要标注该文件是否可读、可写、可修改、可删除。此外，还需要包含程序代码无法体现的事项，诸如无法将“文件更新周期为几天”等信息编写为程序代码形式，而只能通过注释记录。这种信息关系到程序的稳定性。

5.6.6　限制条件

经济学家创建经济理论时，首先要做的是简化世界。例如，假设劳动、人力、资本是经济的 3 大要素，将其他经济要素一概忽略，只有这样才能简单、明确地创建理论。程序员也需要经过同样的过程。所有程序都存在限制条件，使用的操作系统、CPU 的速度、程序的大小、所需的硬盘容量等各不相同，但并不存在记录并力求满足所有条件的程序员。人们通常在假定这些条件一定程度上全都满足的前提下编写程序，即无视各类限制条件。

但有些限制要素是绝对不允许无视的。为了防止忽略这些要素，应该将其记录下来，比如文件处理程序中“绝不可以在写模式下打开”logcount.dat 文件、“密码处理程序是绝密事项”等。无论何种内容，只要是可能导致致命错误的限制条件，都应该添加于此。

5.6.7 异常处理

Java 或 C# 这种最新的编程语言都有各自的异常处理语句（如 try...catch）。某语句在执行过程中产生异常时，这些异常处理语句可以按照程序员的意愿进行处理。但 C 语言这种比较古老的语言没有异常处理语句，程序员需要事先预测所有可能出现的异常情况并进行处理。而实际上并没有程序员这么做，因为根本不可能预测所有异常情况，而且编写能够处理所有异常的语句也并非易事。

但我们可以在一定程度上预测并管理致命的异常，例如，多少可以预测“无法打开文件”或“出现超出预期的最大值运算结果”等。一定要编写能够处理这种异常的代码，同时，编写完这部分代码后，最好在头注释中记录相关的异常处理条目，以引起修改代码的人的注意。

5.6.8 历史记录

历史记录记载了程序修改时间、修改内容的核心、修改者。没有必要记录所有修改内容。如果仅修改数十行代码而仍将其全部记录，那么历史记录就会几乎成为一个小程序。因此，只需记录核心部分即可。

严格管理历史记录是件苦差事，没有比这更繁琐、更令人讨厌的事情了。定位程序错误的过程中，有时一个月之内要修改数十次之多，难道要把每次修改都记录下来吗？当然不必这么做。直到程序完工为止，只需要在历史记录中写入一行即可。

之后需要管理历史记录。例如，依照客户需求精确编写异常处理程序后，应该记录如下信息："对异常处理程序进行更精确的修改：2000.10.1，修改者：洪吉童。"也就是说，没有必要记录编译或测试过程中，为定位编译错误或运行错误而进行的修改。简言之，每次版本更新时记录一次即可。如下所示，规范记录每个版本的历史记录。

示例 **包含历史记录的注释**

```
/************************ 历史记录 ************************/
/* v 1.0, 1990.10.1, 通信研究所，洪吉童，编写第一版通信模块。 */
/* v 1.1, 1990.11.1, 信研究所，洪吉童，更新callprooc()，提高
   运行速度。                                               */

……中略……

/* v5.0, 2003.10.26, （株）通信研究所，田禹治，重构程序已适用于
   A公司 M型号手机。                                        */
```

像这样认真对待历史记录的管理工作的话，它本身也会成为非常有用的信息。

> **提 历史记录的管理**
>
> 也有程序能够自动管理程序修改、更新等操作。CVS、SVN这种版本控制软件的应用应该是必须的，而不是可选的。

5.7 在等于运算符旁添加注释

比较是否相等的运算符 == 很容易与赋值运算符 = 混淆。最常见的示例如下所示。

```
while(count == 1; count++; count <= 100) { ... } // count = 1
标记错误
if(isThis = TRUE) { ... } // 应该标记为isThis == TRUE
```

等于运算符和赋值运算符很容易混淆，上述示例中的失误也很常见。因此，首先要做的是添加注释。例如，在上述示例中的语句旁边添加如下注释。

```
while(count == 1; count++; count <= 100) { ... } // count从1
开始计数。
if(isThis = TRUE) { ... } // 如果isThis的值为真
```

这种情况下，即使代码出现失误，只要将其与注释对比，就能很容易找出其中问题。因此，应当如下修改代码。

```
while(count = 1; count++; count <= 100) { ... } // count从1
开始计数。
if(isThis == TRUE) { ... } // 如果isThis的值为真
```

没有注释时，也有可能希望像最初的示例那样，在 while 语句中使用等于运算符而不是赋值运算符，或在 if 语句中使用赋值运算符而不是等于运算符。因此，在条件语句中使用等于运算符或赋值运算符时，应该尽可能在旁边添加注释。

即使不添加注释也可以避免这种问题。即等于运算符的一边为变量，另一边为常数时，可以故意将常数放在比较语句的内侧。例如，上述示例中的 if 语句可以改写为如下形式。

```
if(TRUE = isThis) { ... }
```

编写这种代码时，赋值运算符本身并不成立，之后就会发出错误提醒，程序员不得不再次检查代码。此时就会发现常数在前面，也由此可以轻松推断应该使用比较运算符。因此，有些人愿意选择第二种方法进行编程。

但采用第二种方法需要花费更多心思，远不如直接采用第一种方法。在使用等于运算符的位置添加注释，这样更加方便。当然，编码风格因人而异。人们选择自认为方便的方法编码，其中并没有明确的对错之分。有的公司规定职员按照第一种方法编码，有的则规定按照第二种方法，还有的公司规定可以同时使用两种方法。无论哪一种情况，可以肯定的是，它们都好过不使用任何方法。

5.8 在大括号闭合处添加注释

随着程序或函数、条件表达式等的长度增加，判断代码块范围会越来越难。换言之，即使看到大括号的闭合符}，也很难判断它表示的是哪个代码块的结束。下列代码表示实际工作中的长程序，假设其中……中略……标识的位置包含了大量代码，可以看到，其中各代码块的范围很难判断。

示例 **难以判断代码块范围**

```
int main () {

  ……中略……

  if () {

    ……中略……
```

```
        if() {
            ……中略……
        }
        ……中略……
    }
    ……中略……
}
```

通常，应该在大括号闭合处的旁边添加注释，说明该大括号表示哪部分结束。需要指出，按照惯例，应该用 end if、end main、end while、end class MyClass 这种以 end 开头的注释。

示例 **难以判断代码块范围**

```
int main () {
    ……中略……
    if () {
        ……中略……
        if() {
            ……中略……
        } // end if
        ……中略……
    } // end if
    ……中略……
} // end main
```

此时，在大括号闭合处的旁边添加更详细的说明是否更好呢？查看下列示例。

示例　**详细说明闭合大括号的含义**

```
int main () {
  ……中略……
  if () {
     ……中略……
     if() {
        ……中略……
     } // end inner if
     ……中略……
  } // end outer if
  ……中略……
} // end function main
```

虽然用我们自己的语言描述会便于理解，但毕竟不是什么复杂的句子，还是应该遵循国际化惯例。

示例　**通过语句说明闭合大括号的含义**

```
int main () {
  if () {
     if() {
     .....
     } // 内侧if结束
  } // 外侧if结束（即第1阶段的if结束）
} // main 函数结束
```

我认为，没有必要在代码块起始部分添加注释。

示例　**代码块起始部分添加注释**

```
int main () { // main函数开始（即使不添加注释，任何人都能看明白。）
  if () { // 外侧if开始（添加注释固然很好，但实在没有必要。）
     if() {
```

```
    .....
    } // 内侧if结束
  } // 外侧if结束（即第1阶段的if结束）
} // main函数结束
```

5.9 在函数内部添加详细介绍函数的注释

无论是库函数还是程序内部函数，仔细观察经常会发现，它们缺少关于函数目标、用法的注释。函数就像机器零件，零件说明书是否详细会影响该零件的使用率，这是不言自明的事实。

以编写数千行以上代码为例。这种情况下，即使是亲自编写的函数，也会有看到名字却想不起其作用的时候。此时，不得不重新逐条阅读其中的代码以掌握该函数的作用和含义，这实在浪费时间，也必然会降低效率。如果函数正上方或正下方添加了关于其作用和含义的详细注释，那么就不必逐条查看代码，也能提高效率。

亲自编写的程序尚且存在这种问题，那么借用别人编写的代码又会怎样呢？编程语言最初包含的标准函数广为流传，且拥有完备的说明文档，不会出现其他问题。但如果是大规模项目中公用的函数，则需另当别论。这些函数并没有被广泛使用，所以必须在源代码阶段提供充足的注释，以使包括函数最初编写者在内的所有人都能准确把握其含义。这样才能为参考源代码形态的函数的程序员提供帮助。即使参考的是二进制库形态的函数，也应该编写该函数的说明文档。

总之，对于那些一般情况下已经拥有足够多的说明文档并被广泛应用的函数，没必要非得添加注释。但其他情况下，无论是只在一个项目还是一个公司内使用的函数，都应该留下详细注释。特别需要注意，应该严格记录如下内容。

- 函数的目标
- 各参数允许的数据类型及含义
- 返回值应用于何处

5.10 注释标记原则

至此，我们介绍了添加注释这种优秀习惯，有几种情况必须添加注释，或添加注释会取得更好的效果。记住所有观点并遵照执行固然很好，但这种愿望可能并不现实。有时，公司已经制定编码风格准则文档并分发给程序员，但还没来得及学习，项目截止日期就已经迫在眉睫。此时，我认为只遵循如下几个大方针也未尝不可。

1. 代码本身足以说明问题时，不必添加注释。
2. 代码本身不足以说明问题时，尽可能添加详细注释。

只要遵循这几个大方针，即使没有准则规定具体在哪里添加注释、在哪里不要添加，也能够在一定程度上保持添加注释的习惯。

第 6 章

标识符名称定义相关编码准则 I

6.1　系统化定义变量名

6.2　用匈牙利表示法命名变量

6.3　用变量名前缀表示变量数据类型

6.4　用变量名前缀表示变量存储类型

6.5　用函数名前缀表示函数功能

6.6　编写个人专属前缀

6.1 系统化定义变量名

变量太多容易混淆，甚至连编写程序的人自己都不能幸免。大型项目中的变量往往成百上千，这种问题会尤为突出。

因此，应该统一变量命名规则，就像预先设定航线一样，防止在变量海洋中迷失方向。

图 6-1 变量过多让人头昏眼花

尽管如此，实际上并不可能事先设定所有程序中的变量名。变量命名这个任务本身只能交由程序单元的直接编写者负责，他们可以对仅限于程序内部应用的变量任意命名。

仅凭这一点就可以解决问题吗？当然不行。并非只有编写者本人需要阅读该程序，参与项目的其他同事、参与程序维护的其他人同样需要。即使编写程序单元的人可以任意命名变量，也需要考虑以后其他人阅读该程序的情况。最好事先制定一些规则，使命名变量时有利于体现变量特性或功能。

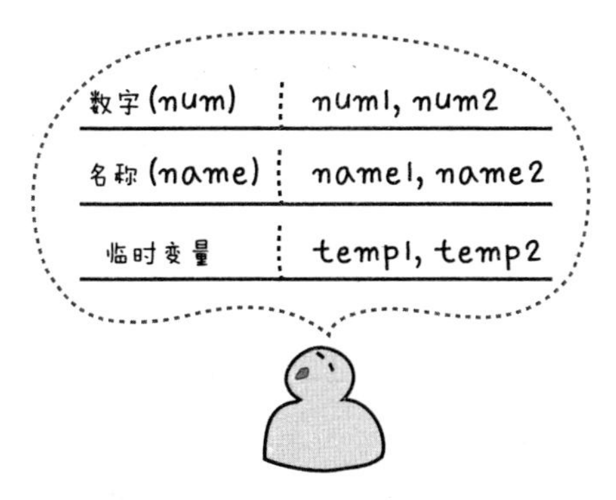

图 6-2 系统化整理变量名可以避免混淆

6.2 用匈牙利表示法命名变量

命名变量时需要牢记一种惯例，即“匈牙利表示法”命名准则。该表示法中，变量名以能表示——包含数据类型在内的——变量特性或功能的字符为前缀。如下所示，为整数型变量添加字符 i 作为前缀。

```
iNumber
iCounter
```

此处的字符 i 取自英文中表示整数的单词 integer。

如下所示，指针类型变量应添加前缀 p 或 ptr。ptr 源自单词 pointer。

```
pMyPointer
ptrFilePointer
```

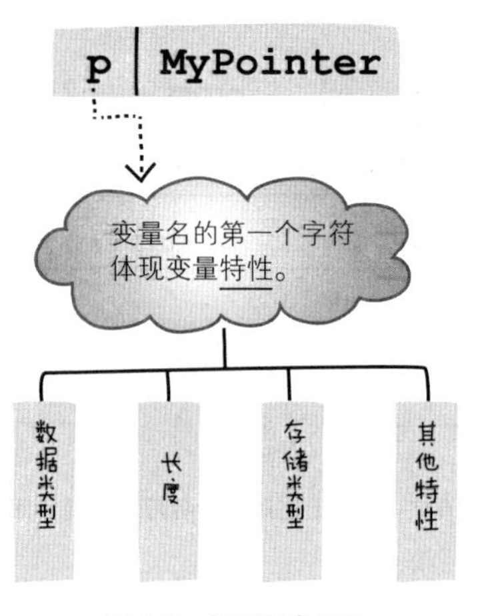

图 6-3 匈牙利表示法

采用匈牙利表示法可以使变量的数据类型一目了然，所以在程序员中人气颇高。然而，也有些程序员并不喜欢这种表示法。同时，编写整体只有一种整数型变量或只有三五个数据类型的简短程序时，大家也不倾向于采用匈牙利表示法。因为使用匈牙利表示法需要记住每种数据类型并添加到变量名前缀，这非常繁琐。

尽管如此，程序员还是应该熟练掌握匈牙利表示法，因为这对于完全掌握遵循匈牙利表示法编写的程序至关重要。下面详细介绍匈牙利表示法。

6.3 用变量名前缀表示变量数据类型

变量特性或功能中，最具特色的要素就是变量的数据类型。因此，为变量名添加可以表示变量数据类型的前缀将有助于我们推测其功能。

常见前缀如表 6-1 所示。

表 6-1 变量数据类型及对应前缀

前缀示例	前缀含义
a	数组
arr	数组
b	bool，布尔型变量
c	character，字符型变量
d	double 型变量
f	float 型变量
fd	文件描述符
fp	文件指针型变量
h	handle，句柄
i	int，整数型变量
n	int，整数型变量
p	指针型变量
pfn	函数指针
r	引用型变量
s	String，字符串型变量
str	CString 型变量
u	无符号整型（unsigned int）变量
w	word 型变量 = 无符号整型

程序员习惯使用上述前缀。无论怎样，最好在变量名前面添加这种前缀，以体现变量的数据类型。例如，假设在修改程序的过程中遇到如下语句。熟知这种体现数据类型的前缀的程序员可以立刻发现问题所在。

```
iNum1 = dNum2 * dNum3;
```

根据前缀可以推测，变量 dNum3 和 dNum3 为 double 型变量，iNum1 是 int 型变量。因此，将 double 型变量的乘法运算结果保存到 int 型变量 iNum1 中，会丢失小数部分。

经验丰富的程序员会再次确认 3 个变量声明时的数据类型。

如果发现变量声明如下所示，

```
int iNum1;
double dNum2, dNum3;
```

可以将声明语句修改为如下形式。

```
double dNum1, dNum2, dNum3;
```

对运算语句也进行如下修改，可以避免丢失小数部分。

```
dNum1 = dNum2 * dNum3;
```

6.4 用变量名前缀表示变量存储类型

不仅必须添加表示变量数据类型的前缀，添加表示变量存储类型的前缀也同样重要。

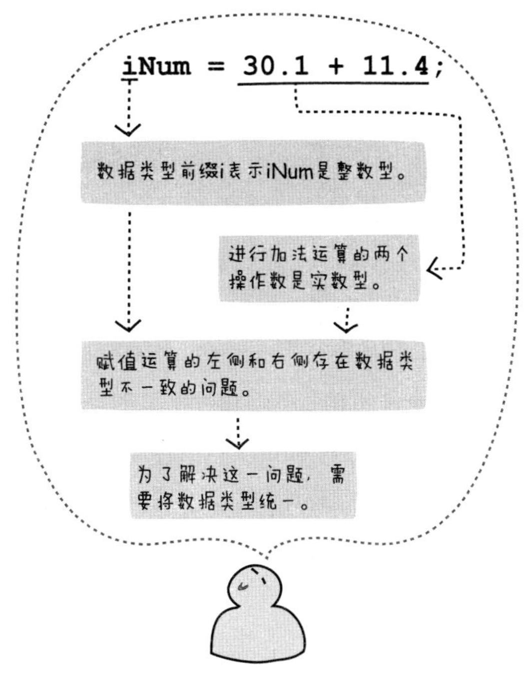

图 6-4　通过数据类型前缀发现程序中存在的问题

C 语言中，根据存储类型的不同，可以将变量大致划分为五类，如表 6-2 所示。

表 6-2　变量存储类型及对应前缀

前缀示例	前缀含义
a	自动（auto）变量
s	静态（static）变量
g	全局（global）变量
e	外部（extern）变量
r	寄存器（register）变量

关于存储类型的知识，相信各位开始学习 C 语言时已经接触过，此处不再赘述。变量存储类型是根据变量的生存期、存储位置、影响范围这 3 个要素进行区分的。

最好可以用前缀形式在变量名中表示这些存储类型。对于熟练的程序员而言，这也是一种惯例。

```
static int siMyNum;
register int riCounter;
```

如上例所示，将变量的存储类型和数据类型合二为一，同时用作前缀。这样即可轻松判断 siMyNum 变量的存储类型为静态 static，数据类型为 int 整数型。也有些程序员命名变量时不考虑变量的数据类型，如下例所示，只使用表示存储类型的前缀。

```
static int sMyNum;
```

提示　存储类型

存储类型指的是，考虑变量在内存中的生存期的长短、在程序代码中影响范围的大小，对变量进行分类。C 语言中以 auto 等关键字声明变量时，也指定了变量所属的类别。

大多数此类程序长度较短，没有必要区分其中变量的数据类型。而此时，变量的存储类型对程序的影响比数据类型更大，所以一般可以只使用表示存储类型的前缀。

还有些程序员采用下划线区分变量的存储类型和数据类型，主要用于需要两个以上前缀的情况。

示例　**用下划线区分各前缀**

```
/* 用下划线区分存储类型 */
global unsigned char g_ucMynum;

/* 用下划线区分层级和数据类型 */
global unsigned char g_uc_mynum;
```

用下划线区分各前缀时，选择上述两种形式中的哪一种完全取决于程序员本身的意愿，但我个人感觉第一种方式更方便。

6.5 用函数名前缀表示函数功能

添加变量名前缀益处多多，添加函数名前缀同样大有裨益。函数一般都有返回值，这个返回值就是我们努力后得到的结果。如果说参数是豆子，那么函数就是处理豆子的机器，而返回值就是我们想要得到的豆粉。基于这个比喻，下面思考何种函数可以制作豆粉，应该如何命名该函数。

```
int GetSoybeanFlour(int Soybean);
```

这个函数名比 SoybeanFlour(int) 更好。

```
int SoybeanFlour(int Soybean);
```

看到这个函数名后，如何能够得知其功能呢？这个函数竟然叫做“豆粉 ()”。究竟要用豆粉做什么呢？是指要获取豆粉呢，还是只要粉碎即可呢？还是将豆子与豆粉混合呢？我们完全摸不到头绪。与之相反，GetSoybeanFlour() 这一函数名包含 Get 这个前缀。得益于这个前缀，我们可以很容易地明白，这个函数是用于获取豆粉的。

同样，Set 和 Max 这种前缀也很常见，如表 6-3 所示。

表 6-3　函数名前缀

前缀示例	前缀含义
GetNumber()	Get 表示该函数用于获取数字
SetNumber()	Set 表示该函数用于设定数值
MaxNumber()	Max 表示该函数用于获取所有数字中的最大值
PutNumber()	Put 表示该函数用于存储数字

如上所示，添加函数名前缀有助于推测函数功能。

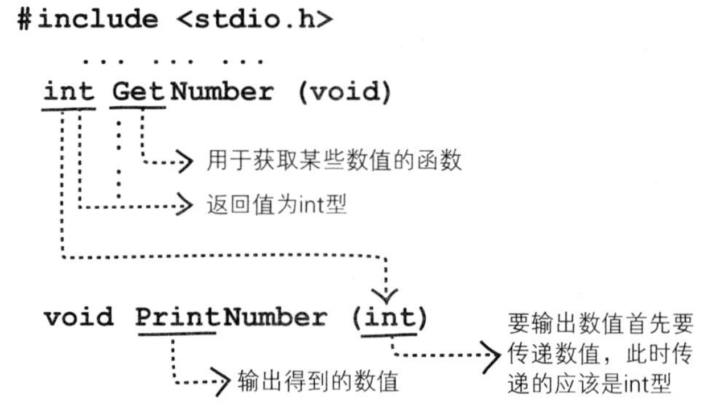

图 6-5　用前缀标注功能使函数更易于掌握

表 6-4 给出程序员常用的前缀。

表 6-4　程序员常用前缀

前缀	前缀含义	示例
Avr	计算平均值	AvrOfTot
Cnt	计算数据个数	CntAllthing
Check	检查某数值	CnkData
Get	获取某数值	GetData
Set	设定某数值	SetData

（续）

前缀	前缀含义	示例
Is	用于提出“是什么”的疑问	IsKey
Key	从数据中只获取关键字的值	KeyPaymentTable
Max	计算最大值	MaxOfNum
Mid	计算中间值	MidOfData
Min	计算最小值	MinOfArray

添加函数名前缀时需要注意，应当按照英语和中文的语序，即“动词+宾语”这种形式命名。

```
CheckData();
SetNumber();
```

如此命名可以保证最先看到前缀，更便于掌握函数功能。

6.6 编写个人专属前缀

除常用前缀外，程序员还可以编写个人专属的匈牙利表示法前缀。例如，假设已经定义了 BreakSystem 类和用户自定义的数据类型。创建该类的对象时，可以采用添加 bs 字符串为前缀的方法进行命名。

```
BreakSystem bsNewBreak;
```

由此可知，所有以 bs 开头的对象均为 BreakSystem 类生成。

提示

声明类的对象和 int a; 这种声明某数据类型的变量类似。换言之，类是用户自定义的数据类型，对象是声明为类的独特变量。

同样，采用结构体变量或共用体变量时，也可以考虑匈牙利表示法。如下所示，定义名为 Grade 的结构体。

```
struct Grade{
    ……中略……
};
```

声明该结构体的变量时，可以按照如下形式，在变量名前添加 sgrd(struct Grade) 样式的前缀，sgrdMyGrade 变量显而易见由 Grade 结构体定义而来。

```
Grade sgrdMyGrade;
```

需要注意，进行团队开发时，编写新的前缀需要告知团队中的所有人，或者在声明语句前添加相应注释。

示例　**添加关于前缀的注释**

```
/* uc是代表unsigned char型变量的前缀 */
unsigned char ucMychar1, ucMychar2, ucMychar3;
```

有些程序员会如下所示，用下划线区分前缀和变量名。

```
unsigned char uc_mychar1, uc_mychar2, uc_mychar3;
```

虽然选择何种形式是程序员的自由，但与前者类似的骆驼拼写法（camel notation）更常用，该方法将各单词的首字母标记为大写字母。

第 7 章

标识符名称定义相关编码准则 II

7.1 用有意义的名称命名

7.2 不要使用相似的变量名

7.3 在不影响含义的前提下尽可能简短命名

7.4 用下划线和大小写区分较长变量名

7.5 变量名不要以下划线开始

7.6 不要过度使用下划线

7.7 合理使用大小写命名标识符

7.8 不要滥用大小写区分 I

7.9 不要滥用大小写区分 II

7.10 不能用相同名称同时命名类和变量

7.11 用大写字母表示变量名中需要强调的部分

7.1 用有意义的名称命名

我做程序员时遇到过各种各样的事情，其中就有与变量名相关的有趣经历。

我曾经同刚刚硕士毕业的程序员一起编写模拟系统，其中有好几个与输入相关的程序。有的程序需要多达上百个输入要素，同时输入100多个数据简直是逼死打字员的节奏。当时有专门负责输入工作的公司和打字员，那时的打字员也被称为key puncher。即使是经过专业训练的打字员，要输入100多个数据项目也不是一件容易的事。那么站在程序员的立场上，要为这100多个输入项目逐一命名该多么困难呀？该程序除了输入工作外，还要执行多项处理，所以不能使用数组。

一个偶然的机会，我承担了该程序的修改工作。后来发生了什么呢？我们舍弃了原来的程序，花费了大约3天时间，重新进行了编写。这么做的理由只有一个：原程序中的变量都是用下面这种毫无意义的数字命名的。

```
int input1, input2, input3, input4, input5;
int input6, input7, input8, input9, input10;
……中略……
```

该程序为了声明这100多个变量，以5个变量为一组，用数十行代码进行声明。可想而知，这种形式的变量声明任谁都无法理解。如果连声明语句都很难理解，就更不要说程序主体了。该程序经多名程序员轮流阅读，但除了程序编写者以外，谁都没办法完全掌握程序流程！

最后，我们只好决定重新编写。熬了3个通宵后，我们终于按期完成了任务。如下所示，我们用有意义的名称命名变量，并增加了大量注释。虽然可以用数组处理，但那样无法保留变量各自的意义，所以我们决定为每个变量设定一个有意义的名称。

示例　**采用有意义的变量名**

```
/* 个人装备组件的个数 */
int iNoHelmet;
int iNoRifle;
int iNoRifleshot;
int iNoArmyKnife;

……中略……

/* 个人装备组件的性能 */

……中略……
```

如上所示，只看变量名即可得知该变量代表的是何种数据。iNoHelmet 变量的前缀 i 表示变量是 int 型，No 表示该变量存储的是个数，Helmet 表示该变量存储的是头盔（helmet）的个数。

一个变量名可以包含如此丰富的信息。得益于此，同事们可以更顺畅地沟通，理解他人的代码也更容易。为了给这 100 多个变量都找到合适的、有意义的名称，我们翻遍了英文字典，在命名上花费了很长时间，最终在预期时间内完成了程序的编写任务。在变量名上投资的时间和精力一定会收到相应的回报。

再次强调，标识符的名称一定要有意义。遵守这一原则认真编写的程序绝不会被舍弃，也不会受到同事的埋怨和上司的批评。

7.2　不要使用相似的变量名

命名变量时需要注意，不要使用相似的变量名。

有些程序员仅通过在变量名后添加 s 以区分不同变量。例如，用 number 和 numbers 命名两个不同的变量。

```
int number;
long int numbers;
```

还有些程序员用单词的缩写形式和完整形式分别命名不同变量，这种常见方法如下所示。

```
int number;
short int num;
```

使用这种相似的变量名命名变量后，编程过程中容易混淆。因此，应该用明显不同的单词命名，如下所示。

```
int number;
short int digit;
```

不得不采用相似的变量名时，可以向原名称添加前缀或后缀。例如，下列示例在名称后面添加数字以示区分。

```
int number_01;
int number_02;
```

或者在名称后面添加恰当的英文字母，如下所示。

```
int day_yy;
int day_mm;
int day_dd;
```

前缀有时比后缀更有效，比如下面这种添加代表变量数据类型的字母作为前缀的命名方式。

```
int iTotal;
double dTotal;
```

7.3 在不影响含义的前提下尽可能简短命名

不能仅仅为了使变量名有意义，就不加节制地采用冗长变量名。例如，只需要两个整数的程序中，没有必要如下所示，用如此精确的名称命名保存这两个整数的变量。

```
int first_integer_number;
int second_integer_number;
```

使用下面这种简短的变量名反而更便于理解，同时还能减少打字工作量。

```
int num1;
int num2;
```

函数和类的命名也是如此，如下所示。

```
New_plus_operation_fuction();
New_minus_operation_function();
```

可以改写为下面这种简短的形式。

```
NewPlusFunc();
NewMinusFunc();
```

Func 是 Function 的缩写形式。这种仅提取一部分就能推测整体含义的单词最好缩写。表 7-1 给出一部分具有代表性的可缩写单词。

表 7-1　程序员惯用缩写

单词	缩写
function	func
number	num
day	d 或 dd
month	m 或 mm
year	y 或 yy
temporary	temp
terminate	end
terminal	term

除此之外，程序员之间惯用的可缩写单词还有很多，但没有必要全部记住，只要在他人可理解范围内无条件缩写所有可以缩写的单词即可。例如，用函数实现制动系统的控制板时，假定控制板命名形式如下所示。

```
Break_Control_System_Panel();
```

该类名虽然准确但是冗长，所以应该将其替换为更加简练的名称。尽最大可能简化各单词，即可得到更加简练的名称。按照下面的方法简化各单词。

```
Break -> brk
Control -> ctl
System -> sys
```

进而轻松改写函数名。

```
BrkCtlSys_Panel
```

7.4 用下划线和大小写区分较长变量名

变量名较长时，最好将各单词加以区分。此时最常用的方法大致有两种，其中之一是用下划线加以标注，如下所示。

```
Break_control_system_panel();
```

另一种方法是，将各单词首字母大写，如下所示。

```
BreakControlSystemPanel();
```

过去，第一种方法较为常见；而最近，第二种方法的使用率更高。还有一种方法是，将下划线和首字母大写两种方法混合使用。这种方法特别适用于长变量名。

下列示例将可以缩写的单词缩写，并将首字母大写，用下划线区分不可缩写的单词。

```
BrkCtlSys_panel();
```

人们偏爱这种混合方法的原因是，缩写后的单词很容易识别。按照惯例，一般英文句子中，单词的缩写形式常常全部被大写，或首字母被大写。这种惯例同样适用于编程。

用下划线区分各单词命名的变量名，明显比下面这种完全没有区分各单词的变量名更容易理解。

```
Breakcontrolsystempanelclass();
```

提示

如果可以将变量名缩写为 BrkCtlSys，那么最好在所有程序中都统一采用这种缩写形式。一些程序使用缩写后的变量名，另一些程序使用变量名原型，反而会产生更大的混乱，甚至比完全不用缩写的情况更混乱。

如果命名之初没有区分变量名中的各单词，那么日后需要阅读该变量名的其他程序员就不得不逐一辨识。请各位自己编写程序时牢记，千万不要向他人施加这种痛苦。

7.5　变量名不要以下划线开始

如前所述，命名变量时，用下划线区分各单词将有助于理解变量名。但用下划线作为变量名的开始却不是个好主意。例如，下面这种变量声明就并不适合此种做法。

```
int _define;
int _compile_error;
int _not;
```

为什么不能用下划线作为变量名的开始呢？如果现在电脑中安装了编译器，建议各位查看扩展名为 .h 的头文件，如 stdio.h、stdlib.h 或 math.h 等。

提示

头文件通常位于编译器安装目录的include子目录。例如，编译器安装在C:\MSC时，头文件位于C:\MSC\include。

查看这些头文件可知，其中很多变量名都以下划线开始。各位可能会产生疑问，既然那些编程实力优秀到足以编写编译器的程序员都用下划线作为变量名的开始，那么我们是不是更应该向他们学习呢？这种说法毫无根据。编写编译器和头文件的程序员这么做其实另有深意。几乎所有程序都按照如下方式在程序中调用头文件。

```
#include <stdio.h>
#include <math.h>
```

在程序内部，用#include这种预处理标识符以源代码形式原样调用头文件。这种情况下，头文件中声明的变量有可能碰巧与程序员编写的程序内的变量名相同。为了避免这种情况，他们才决定用下划线作为头文件变量名的开始。因为大部分程序员不会这样做，或者假设大家不会这么做。一旦程序员用下划线作为变量名的开始，那么就相当于破坏了头文件编写者假定的先决条件，进而导致程序出现问题。

总之，任何情况下，变量名都不要以下划线开始。这不是建议，而是强制规定。特别是不要将两个下划线连用作为变量名的开始，因为库文件中的大部分标识符都是以这种形式开始的。

7.6 不要过度使用下划线

偶尔有些程序员会“过度”使用下划线。首先看下列代码。

```
① char file_name___new_name;
```

各位能看出这段代码使用了几个下划线吗？

```
② file_name__new_name = 'A';
```

上述语句中的变量名和①号语句中的变量名是否相同呢？答案是不同的。②号语句中的变量名缺失了一个下划线。仔细看看，file__name 和 new__name 之间添加了 3 个下划线，而①号语句变量名中的相同位置出现了 4 个下划线。虽然只缺少 1 个下划线，但对于编译器来说，二者是完全不同的变量。

因此，使用这种形式的变量名时很容易出现失误。怎么可能在编码的同时逐一确认究竟需要写 3 个下划线还是 4 个呢？因此，只用 1 个下划线就够了。如果需要区分某些内容，则要用确切的单词或划分符号。如下所示，遵循只使用 1 个下划线的原则，并据此寻找合适的表示方法。

```
file_name_of_new_file;
```

或者遵循骆驼拼写法进行命名。

```
fileNameOfNewFile;
```

还可以在不影响表义的同时变换语句，如下所示，形势更为简练。

```
newFileName;
```

7.7 合理使用大小写命名标识符

区分大小写是命名变量名、函数名、类名等标识符时需要遵循的另一原则。编写程序时通常采用英语字母，其中包含大写字母 A~Z 和小写字母 a~z。

灵活运用英语字母的这种特性可以使变量名更易理解。与前文示例给出的下面这种变量名相比，

```
Breakcontrolsystempanel();
```

恰当使用大写字母，将变量名改写为如下形式，可以使其更容易识别。

```
BreakControlSystemPanel();
```

大小写在区分变量名种类时同样有用。程序员有下面一些惯用原则。

程序员命名变量时区分大小写相关惯例

1. 变量和对象名以小写字母开始。

2. 函数、类、结构体、共用体等名称以大写字母开始（包括方法）。

3. 符号常量或宏函数名的所有字母均大写。

这些惯例虽然不是强制性的，但几乎所有程序员都遵循。仅凭这几点就可以区分变量和函数、变量和符号常量、一般函数和宏函数。

同样，类名为大写，声明的类的对象用小写字母开始，据此可以区分类和对象。这点也适用于结构体和共用体。如下所示声明结构体。

```
Struct Grade {
    ……中略……
};
```

用小写字母开始的名称声明结构体变量，这样即可区分结构体和结构体变量。

```
Grade myGrade;
```

类、结构体、共用体等用户自定义的数据类型的名称——像函数一样——用大写字母开始，而声明为这些类型的对象、结构体变量、共用体变量等则用小写字母开始。

那么，变量名完全不能用大写字母吗？当然不是。变量名的原则是首字母为小写，但之后的字母既可以大写，也可以小写。因此，首字母为小写是基本条件，同时可选表 7-2 所示的其他几种方法。

表 7-2　区分大小写命名

示例	特征
num	仅用小写字母命名
NUM	仅用大写字母命名
dNumOfScience	同时采用大小写字母命名

那么，函数或类名中完全不可以用小写字母吗？当然不是。和变量一样，函数只需要首字母大写，之后的所有字母既可以大写，也可以小写。

不要忘记，符号常量和宏函数一定要将所有字母大写，即最好不要将符号常量定义为如下形式。

```
#define True 1
```

而应该如下所示，全部用大写字母定义。

```
#define TRUE 1
```

7.8 不要滥用大小写区分 I

C 语言中明确区分大小写，num、NUM、Num 是完全不同的变量。较为古老的编程语言则不区分大小写，Basic 或 FORTRAN 就是如此。采用这种语言时没必要区分大小写，所以程序员在有些场合使用大写字母，在有些场合则使用小写字母。

这种做法并不适合 C 语言，它可能引起编译错误。例如，有时会将原本应该写为 `num=0;` 的语句写为 `Num=0;`。此时很可能并没有声明 Num 变量，从而导致编译器错误。

这种错误能通过编译器报错发现，实属万幸。再看其他情况。有些程序员凭着“C 语言区分大小写”这一点投机取巧，即仅通过大小写区分各变量，而不是逐一命名。这些程序员编写的变量声明部分几乎都存在与下列示例类似的代码。

示例　**滥用大小写区分**

```
int num; /* 第一个输入变量 */
int Num; /* 第二个输入变量 */
int NUM; /* 第三个输入变量 */
```

这些程序员大概还寄希望于注释可以充分传递变量含义，但即使这样也不足以挽回其失误。因为一旦没能明确区分大小写，就会产生问题。假设编程过程中遇到了输入第一个值的情况，此时为了明确输入值应该存入 num、Num 还是 NUM 变量，不得不翻看程序前面的变量声明部分，非常繁琐。

```
scanf("请输入第一个数值。%d\n", &num);
```

如果不小心将 num 写为 Num，第一个数值就会被存入完全不同的变量，最后得出意料之外的处理结果。

“C 语言区分大小写”的规则会产生一些问题，所以程序员绝不能不知道 C 语言的这种特性，也不能滥用。

7.9 不要滥用大小写区分 II

再看一个滥用大小写区分的示例，如下代码所示。

```
int iMyNumber = 100000; /* 大数值 */
int iMynumber = 10;     /* 小数值 */
```

代码中，保存大数值的变量为 iMyNumber，保存小数值的变量为 iMynumber。因为 C 语言区分大小写，所以这两个变量是不同标识符，即被视为两个不同变量。虽然没有语法问题，但可读性大为受损，阅读代码的人很容易混淆。因此，区分大小写应该仅适用于下面这种特殊情况。

- 函数名或类名以大写字母开始
- 变量名以小写字母开始
- 符号常量名所有字母均大写

7.10 不能用相同名称同时命名类和变量

下面查看与区分大小写相关的另一个错误习惯。滥用大小写区分并用相同名称命名类和变量的做法并不正确，同样，用相同名称命名函数和变量的做法也是错误的。如下示例所示。

示例 **仅用大小写区分类名和变量名**

```
class MyClass {
    ……中略……
};

MyClass myclass;
```

这段代码中，MyClass是一种用户自定义数据类型，之后的myclass是用相应数据类型声明的变量。如果不区分大小写，即数据类型名和变量名相同，则很容易混淆。特别是没有遵循“首字母大写”的惯例命名类时，更加容易混淆myclass是变量名还是数据类型名。因此，应该如下所示，明确区分类名和变量名，并为变量名添加从类名截取的前缀。

示例 **明确区分类名和变量名**

```
class MyClass {
    ……中略……
};

MyClass mcFirstVar; /* mc是代表MyClass的前缀 */
```

7.11 用大写字母表示变量名中需要强调的部分

变量名全部小写时，相对不太引人注意。常见的做法是，在函数中用仅包含小写字母的变量名命名偶尔用到的局部变量。

```
num1;
```

即使如此，也应该在相对重要的变量名中掺杂一些大写字母。

```
myNumber1;
newLovalVar;
```

至此，各位已经看过若干示例，但仅用这种方法并不能强调特定词汇。此时，建议大家将需要强调的单词的所有字母都改为大写。

```
localButIMPORTANT ;
goldenTRIANGLE;
newMOREthanTHIS;
```

根据这种方法命名的变量比骆驼拼写法的可读性更好。

第 8 章

运算符相关编码准则

8.1 恰当应用条件运算符有助于提高可读性

8.2 不要凭借运算符优先级排列算式

8.3 指针运算符应该紧接变量名

8.4 慎选移位运算，多用算术运算

8.5 不要追求极端效率

8.1 恰当应用条件运算符有助于提高可读性

条件运算符在什么情况下可以提高效率呢？以比较 3 个参数并返回其中最大值的程序为例。如果用 if 语句编写该程序，那么应该如下所示。

示例 **用if语句求最大值**

```
int Max(int num1, int num2, int num3) {
    int temp1, temp2;
    if(num1 > num2)
        temp1 = num1;
    else
        temp1 = num2;
    if(num2 > num3)
        temp2 = num2;
    else
        temp2 = num3;
    if(temp1 > temp2)
        return temp1;
    else
        retrun temp2;
}
```

如果使用条件运算符，则可以编写更加简练的函数，如下所示。

示例 **用条件运算符求最大值**

```
int Max(int num1, int num2, int num3) {
    int temp1, temp2;
    temp1 = num1 > num2 ? num1 : num2;
    temp2 = num2 > num3 ? num2 : num3;
    return temp1 > temp2 ? temp1 : temp3;
}
```

if 语句需要 15 行才能完成的函数，改用条件运算符则缩减到只有 6 行。代码长度的缩短相应提高了可读性。C 语言设计者说不定正是基于“缩减代码长度”的考虑才设计了条件运算符。因此，虽然并不提倡使用条件运算符，但如果希望在不加大代码理解难度的前提下大量缩短代码长度，那么使用条件运算符也不失为一种好方法。

8.2 不要凭借运算符优先级排列算式

几乎所有编程语言都规定了应该优先应用哪些运算符，这种规定又称“运算符优先级”。例如，大部分编程语言中，乘法（*）运算符要优先于加法（+）运算符，所以下面算式的结果应该是 20 而不是 14。

```
a = 2 + 3 * 4;
```

因为应该优先计算 3*4。运算符优先级是运算时必须考虑的因素。学过数学的人都知道，乘法运算要优先于加法运算。为了与这种数学常识相吻合，在满足编程的几个必要条件的基础上，出现了所谓的运算符优先级。

但我们不能凭借运算符优先级排列算式。比如下列语句。

```
a = --b >= c++ || d < e && f * g <= ++f;
```

假设该语句中变量的值均已知，那么最终运算结果是多少呢？如果不逐一对照运算符优先级表格，除非是极熟练的程序员，否则很难得出最终结果。

实际工作中，确实有程序员编写这种语句。虽然不一定像上面示例那么复杂，但确实存在如下类似语句。

```
num1 = num2 + num3 * num4 / num5 || num6;
```

上述示例代码也很难迅速得出最终运算结果。更准确地说，很难判断应该从哪个运算符开始计算。但对于同样的代码，只要添加括号，可以立刻变为能够轻松理解的语句。

```
num1 = num2 + ((num3 * num4) / num5) || num6);
```

这种形式简单明了。之前示例中的语句同样可以整理如下。

```
a = ((--b) >= c++) || (d < e) && (f * (g <= (++f)));
```

怎么样？添加括号后，一眼就能看出应该从哪里开始计算吧？因此，不要凭借运算符优先级排列算式，最好按照程序员预想的运算顺序在所有算式中添加括号。

8.3　指针运算符应该紧接变量名

指针的定义方法有三类。

```
/* 声明指针变量的多种方式                  */
int* x;    /* 数据类型后紧接*。           */
int *y;    /* 变量名前紧接*。             */
int * z;   /* 数据类型和变量名中插入*。*/
```

这三种方式都不存在语法问题，但并不意味着它们都十全十美。虽然没有语法问题，却可能产生歧义，需要从中找到一种最准确的方法。那么，哪种方法的准确性最高呢？

首先，按照第一种方式可以写为如下形式。

```
int* x1, x2, x3;
```

该语句隐藏着初级程序员常犯的简单错误。以这种形式声明时，程序员会误认为 x1、x2、x3 都是指针，但实际并非如此。此处只有 x1 是指针，x2 和 x3 只是普通 int 型变量。那么，声明为如下形式又如何呢?

```
int* x1, * x2, * x3;
```

这种方式更不好，因为它并不能将 y 和 z 明确声明为 int 型指针。看到上述代码，有些程序员可能认为它原本应该是下面的形式，只不过之前的编写者漏写了后面两个变量的数据类型而已。

```
int* x1, double* x2, float* x3;
```

那么，像第三种方式那样，将指针运算符放在数据类型和变量名之间又会怎样呢?

```
int * z;
```

它和第一种方式一样，很可能造成混淆。这种方法虽然没有将 * 紧接数据类型，但其他方面在实质上和第一种方式并无区别。

那么，只剩下第二种方式了。这种方式最受程序员偏爱，既简明又准确。

```
int *y;
```

这样声明即可明确知道 x 是指针变量。下列示例同样是按照这种方式声明的语句。

```
int *a, b, c;
```

可以明确看出，代码中 a 是指针，b 和 c 是 int 型变量。当然，与之相比，如下这种编写方式更加明确。

```
int *a;
int b, c;
```

无论如何，最好将指针运算符 * 紧接变量名前端。

8.4 慎选移位运算，多用算术运算

追求极限的人一直存在，极限运动就是那些想要体验极限的人热衷的游戏。C 语言中也存在类似极限运动的极限要素。使用 C 语言可以像机器语言那样轻松操纵机器本身，所以可以用不到几行的简短代码使显示器呈现惊人的结果。此时此刻，世界各地都在进行着这种特别有趣的游戏。

位运算就是这种游戏的常用要素之一。C 语言提供各种位运算的运算符，它们可以操作二进制位，所以常用于编写简短高效的代码。常见位运算符如表 8-1 所示。

表 8-1　C 语言中的位运算符

运算符	含义
&	按位与
|	按位或
^	按位异或
~	求反
>>	向右移位
<<	向左移位

其中，移位运算中的 << 和 >> 常用于快速倍数运算。因为，向右或向左移一位分别对应于将数值减少为原来的 1/2 或增加为原来的 2 倍。

如下所示，向左移一位，则 bitTest 保存的值变为 num 的 2 倍，也就是 4。

```
int num = 2;
bitTest = num << 1;
```

上述运算比下列乘法运算更快，所以常用于需要极端快速运算的情况。

```
bitTest = num * 2;
```

但这种移位运算也存在问题：第一个问题是，操纵的数值为负数时，向左移位可能丢失负数的符号；另一个问题是，程序难以理解。移位运算究竟是为了成倍增加或减少数值，还是为了基于位运算实现其他目的，我们无从得知。虽然是老生常谈，但我仍然要强调，如果不是为了追求极端的效率，那么应该始终编写可读性高、便于理解的程序。也就是说，放弃“使用移位运算操纵数值”的想法，而采用算数运算编写便于理解的程序。

8.5 不要追求极端效率

程序的运行速度随程序员编程风格的不同而略有差异。如下语句所示。

```
num4 = (num1 * num2) + num3;
```

与下面这两个语句编写的方法相比，上述语句处理速度更快，占用的存储空间也更少。

```
temp = num1 * num2;
num4 = temp + num3;
```

追求极端效率的人常常为了追求更快的处理速度而编写特别复杂的语句。如下示例所示。

示例　**只追求效率而不考虑可读性和简明性**

```
while (((*dest++ = *src++ * *newSrc)) == nlFunc(myNewCar))
{
    ……中略……
}

for (nPnt = oPnt = nodePnt; p != NULL; oPnt = nPnt, nPnt =
nPnt-> next) {
    ……中略……
}
```

各位能否快速了解该代码的含义呢？如此编写的代码能否做到高效不得而知，但可以想象，其维护成本绝不会低。虽然效率很重要，但它并没有重要到值得牺牲代码的可读性。尤其在当今时代，计算机内存充足、CPU 速度快如闪电，完全没必要执着于 20 世纪 80 年代的编码方式。

第9章

编写清晰代码所需编码准则

9.1 不要投机取巧，应致力于编写清晰易懂的程序

9.2 切忌混淆while语句中关系运算符和赋值运算符的优先级

9.3 不要进行隐式“非零测试”

9.4 不要在条件表达式中使用赋值语句

9.5 避免产生副作用

9.6 函数原型中也要标注参数的数据类型

9.7 形式参数也需要命名

9.8 必须标注返回值的数据类型

9.9 留意结果值

9.10 在for语句等条件表达式中谨慎运算

9.11 大量使用冗余括号

9.12 如果else语句使用大括号，那么if语句也应该使用

9.13 函数末尾务必编写return语句

9.1 不要投机取巧，应致力于编写清晰易懂的程序

编写清晰易懂的程序是编码风格的重要原则，但总有一些人在编码时并不遵循这一原则，而是投机取巧，导致他人很难理解其编写的代码。下面以此类程序员编写的控制语句为例进行详细说明。该控制语句的形态非常有名，编写该语句的“投机惯犯”说不定对这个靠晦涩语句出名的机会已经觊觎很久了。

示例 **第一段代码：投机取巧**

```
while('\n' != (*pT++ = *pS++)) {
    ……中略……
}
```

各位能看出这行代码的作用是什么吗？像何种代码呢？其实这种源代码随处可见，各位可以找机会查看 Linux 或 UNIX 开源操作系统应用程序的源代码。

追根溯源，这一问题的核心在于编写这些晦涩难懂代码的程序员。各位可以先尝试研究该代码的含义。无论需要花费两小时还是两天，都请尽全力试一试。说不定要花费一个多月的时间呢。怎么样？搞清楚其含义了吗？我敢断言，除了这段代码的作者和长时间研究该代码的人以外，几乎没有人可以在短时间内掌握其含义。

下面这段代码可以解释之前代码的作用。这段代码并不复杂，很容易理解，十分普通。

示例 **第二段代码：规范编写**

```
while(1) {
```

```
        *pTargetFilePosition = *pSourceFilePosition;
        if(*pTargetFilePosition == '\n')
            break;
        pTargetFilePosition++;
        pSourceFilePosition++;

        ……中略……
    }
```

比较这两段代码。虽然第一段代码看似简练，长度只有一行，但在实际工作中，程序员仍然应该编写像第二段那样让人一目了然的代码。为了使程序更易于理解，程序员还可以选择在此基础上添加更加丰富的注释。

示例 **第三段代码：添加注释**

```
/*****************************************************/
/* 控制语句的作用 :                                   */
/*       遇到换行符之前                                */
/*       目标文件和原文件的指针循环自增。                */
/* 伪代码 :                                           */
/*       无限循环                                      */
/*          将原文件内容复制到目标文件。                 */
/*          在目标文件中遇到换行符时                     */
/*                跳出循环。                           */
/*          目标文件指针加1。                           */
/*       原文件指针加1。                                */
/*****************************************************/

while(1) {
    *pTargetFilePosition = *pSourceFilePosition;
    if(*pTargetFilePosition == '\n') /* 遇到换行符时终止循环。*/
        break;
    pTargetFilePosition++;
    pSourceFilePosition++;
```

```
    ……中略……
}
```

虽然与第一段相比，第三段代码的长度增加了 20 倍之多，但同时，它明显比第一段代码更清晰、更易理解。而且，代码长度对运行性能并没有太大影响。注释对程序性能更是完全没有影响，变量名长度与性能的关系也不大。

第三段代码的编写者辛苦了。为了将一行就能完成的代码改写得更加清晰，他多敲了近 10 行代码，并增加了很多注释，敲键盘敲得手指头都疼了吧？但之后负责维护该程序的人一定会对这位最初的编写者心存感恩。再加上维护成本直接关系到公司利润，这样的程序员当然会在 SI 业内受到重视。

9.2　切忌混淆while语句中关系运算符和赋值运算符的优先级

有时，运算符的优先级会让我们摸不着头脑。赋值运算符和关系运算符的优先级哪个更高呢？虽然按照常识判断，赋值运算符的优先级应该高于关系运算符，但实际并非如此。下面语句就是典型示例。

```
while (c = getchar() != EOF) {
    putchar(c);
}
```

while 的条件表达式出现了运算符 = 和 !=，前者是赋值运算符，后者是关系运算符。代码编写者最初的意图应该是首先读入 1 个字符，然后再判断该字符是否是 EOF 字符，但事实并不如愿。编译器会如下处理这段代码。

```
while (c = (getchar() != EOF)) {
    putchar(c);
}
```

这是因为，C 语言中关系运算符的优先级要高于赋值运算符。为了避免这种情况，必须像下列示例一样使用括号。

```
while ((c = getchar()) != EOF) {
    putchar(c);
}
```

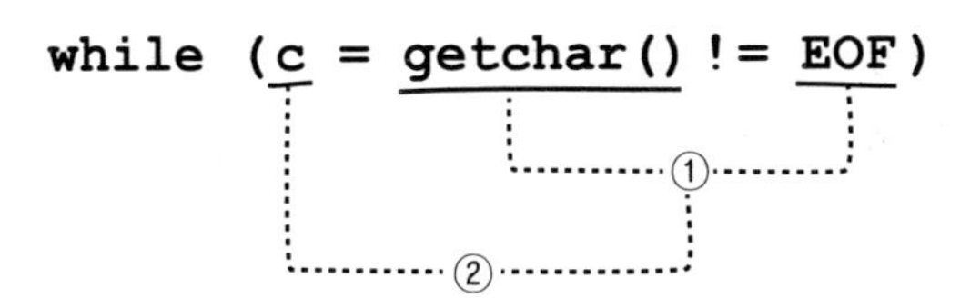

图 9-1　关系运算符的优先级高于赋值运算符

但程序员很难保证始终牢记运算符优先级，并在其基础上添加括号。因此，在 while、for、if 这种条件表达式中，最好不要进行条件运算之外的——诸如赋值运算等——其他运算。因此，应该将上述示例改写为如下形式。

```
c = getchar();
while (c != EOF) {
    putchar(c);
    c = getchar()
}
```

虽然新增的一行代码可能稍微影响程序的运行效率，但为了防止失误，这样的改写利大于弊。

9.3 不要进行隐式“非零测试”

C 语言支持非常简练的表现方式，但简练并不总是优点。首先看下列代码。

```
while(Func()) {
    ……中略……
}
```

while（条件表达式）中用 Func() 函数的调用替代条件表达式。根据调用的函数的返回值判断 while 语句是否终止。

例如，返回值为 0，就等同于 while(0)。大多数 C 编译器会在条件表达式结果为 0 时，将其判定为“假”，进而终止 while 语句。

相反，如果 while 语句的结果不是 0，又会怎样呢？大多数 C 编译器将除 0 以外、包含 1 在内的所有值视为“真”。也就是说，只要不是 0，那么 while 语句就会一直以“真”的状态反复执行。很多程序员偏爱这种简练的表达形式，用这种形式判断真假的方法称为“非零测试”。同时，因为这种方式没有明确指出条件表达式的值为多少，又被称为“隐式表达”。但这种简练的隐式表达很容易引起问题。

因为有的编译器会将 -1（而不是 0）视为假值，也就意味着 0 变为真值。如果开发程序时将以 0 为假值的编译器作为目标，却要在以 -1 为假值的编译器上进行编译，那么之前所有的工作都会成为无用功。程序员不得不投入精力再次修正程序。而如果事先并不知道新的编译器以 -1 为假值的特性，就会出现严重错误。

因此，程序员最好不要采用隐式非零测试，而应该明确编写条件表达式。那么，怎样才能明确编写呢？方法有两种，其一为明确标出 0，另一种则明确使用 FALSE 这种符号常量代替 0。

```
while(Func() != 0) {
    ……中略……
}
```

上述示例中，条件表达式明确标出了 0。这样即可得知，如果结果非 0，则要继续循环。

```
while(Func() != FALSE) {
    ……中略……
}
```

上述表达式则采用符号常量 FALSE，代码更易理解。也就是说，如果不是假值，则程序继续循环。之所以可以用 TRUE 或 FALSE 代替 0 使条件表达式更加明确，是因为编译器制造商在其提供的标准调用文件 stdio.h 中用以下形式声明了假值。

```
#define FALSE 0
```

而有些编译器则用如下形式定义假值。

```
#define FALSE -1
```

9.4 不要在条件表达式中使用赋值语句

条件表达式在控制语句中起着至关重要的作用，因为其结果直接决定了真假判断。

程序员会有意无意地在条件表达式中使用赋值语句。下面分析这种做法可能导致的问题。

最常见的失误是在条件表达式中错将等号（==）写成赋值运算符

（=）。以下列代码为例。

```
if(value == 0) {
    printf("值为0。\n");
}
```

如果将此处的等号误写为赋值运算符，会产生什么后果呢？

```
if(value = 0) {
    printf("值为0。\n");
}
```

此时，value=0 语句将 value 赋值为 0。上述代码等同于 if(value) 的形式，即与 if(0) 具有相同含义。C 语言中将 0 视为假，那么上述代码在实际运行界面中不会输出任何结果。为防止出现类似失误，请注意不要在条件表达式中使用赋值语句。

在条件表达式中有目的地使用赋值语句的情况同样存在。如下示例所示。

示例　**在条件表达式中有目的地使用赋值语句**

```
while((value = new_value++ / 20) < 10) {
    printf("value的值为%d。", value);
}
```

这种程序在条件表达式中使用赋值语句，很难理解，应该将其改写为更简单的形式。如果可以，最好不要在条件表达式中使用赋值语句。上述代码可以改写为以下这种简单易懂的形式。

示例　**未在条件表达式中使用赋值语句**

```
while(1) { /* 无限循环 */
     value = new_value / 20;
     new_value++;
    if(value >= 0)
       break;
    printf("value的值为%d。", value);
}
```

再次强调，尽可能不要在 while/if/for/do...while/switch 语句的条件表达式中使用赋值语句。

9.5 避免产生副作用

“副作用”指程序员意料之外的结果，即运算、控制或调用等偏离程序员预想的方向。C 语言中不提供与这种副作用相关的提示消息，而将避免副作用的职能和责任全权交给程序员。

一元运算符是这种副作用的最具代表性的示例。首先看如下代码。

```
number = 10;
result = ++number;
```

result 的值是多少呢？答案是 11。为了得出正确结果而不误算为 10，需要理解一元运算符的前缀和后缀形式。将该语句改写如下，则更容易理解。

```
number = 10;
number++;
result = number;
```

只需增加一行代码，就省去了前面代码面临的需要理解前缀和后缀的问题。这一简单的运算体现了前缀和后缀的副作用，即虽然该运算可以完成对 number 变量加 1 的主效果，但副作用指的是需要考虑究竟先进行 ++ 运算还是 = 运算。

提示

前缀指的是 ++number 这种一元运算符位于运算数之前的形式，后缀指的是 number++ 这种一元运算符位于运算数后面的形式。使用前缀时，++ 运算的优先级高于 = 运算，优先进行 ++ 运算，使用后缀则正好相反。

一元运算符的副作用随着表达式复杂度的增加而更加突出。假设已经编写下列代码。

```
number = 1;
result = (++number * 5) + (++number * 10);
```

其运算结果是多少呢？程序员倾向于仓促地将运算结果假定为 40。为什么呢？因为程序员假定运算顺序如图 9-2 所示。

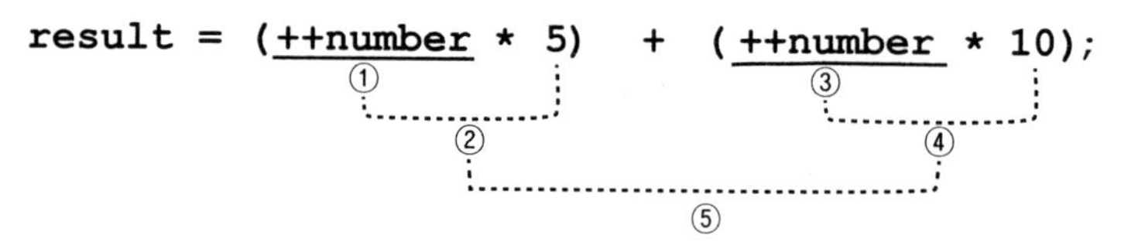

图 9-2　程序员预想的运算顺序（结果为 40）

这种预想反映出，程序员并没有深刻理解编译器处理方式。编译器进行加法运算时，认为 (++number*5) 和 (++number*10) 具有相同优先级。因此，编译器既有可能先计算前面的 (++number*5)，也有可能先计算后面的(++number*10)。如果先计算后者，则前者算式中的number就应该加1后再计算。此时的结果就是35。

在复杂的运算表达式中使用一元运算符时，可能产生意想不到的结果。而且，编译器也可能会因为处理方式的不同而产生不同结果。换言之，初次运行该程序可能得出结果为35，再次运行时结果可能变为40。有些编译器处理结果为35，有些则会得出40。因此，最好不要编写可能产生这种副作用的代码。

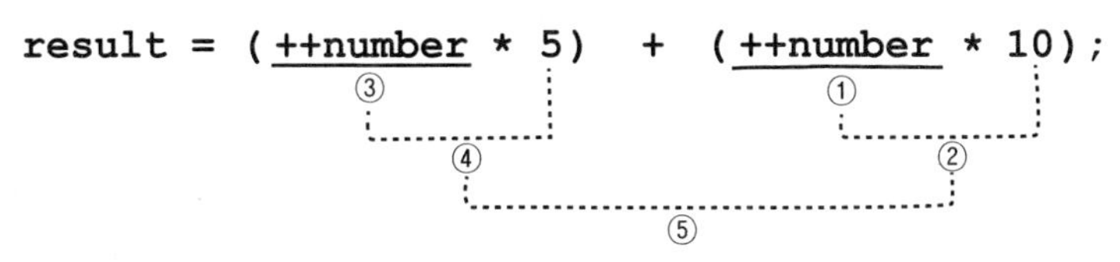

图9-3 编译器首先计算两个具有相同优先级的括号表达式中的后者（结果为35）

那么应该怎样做呢？答案就是编写简明程序。不要投机取巧，尽可能做到简单明确。此时适用的原则就是KISS（Keep It Simple and Short），该原则来源于句法理论。C语言同样是语言之一，也应该遵守这一原则。据此，可将上述代码改写如下。

示例 **编写简明代码**

```
number = 1;
number++;
result = number * 5;
number++;
result = result + (number * 10);
```

虽然原来的1行代码被扩展为5行，但其优势在于，编写时可以完全不用担心副作用，任何人都可以轻松理解。按照这种形式编写代码，任何编译器的处理结果都会是40。

副作用不仅存在于一元运算符，包含赋值语句在内的几乎所有运算式的常见语句都可能引起副作用。查看下面这段常见代码。

```
average = total / (count = last_number - first_number);
```

该代码中，表达式包含两个赋值语句。解读该语句时，需要考虑赋值语句何时以何种形态运行。因此，最好将其改写为以下形式。

```
count = last_number - first_number;
average = total / count;
```

再次强调，C 语言中，需要程序员承担与副作用相关的全部权限和职责。几乎所有运算、控制、调用都可能引起副作用，因此，为了避免这种副作用，程序员应该编写简明代码。

副作用可以视为当前常见的编译器错误、逻辑错误之外的第 3 种错误形态，所以必须对其足够重视。不幸的是，副作用并不能像另外两种错误形态那样被明确定位。而且，编译器手册中也很少见与副作用相关的警告说明。结论就是，副作用完全是程序员的包袱。如果不想在它上面浪费过多时间和精力，那么应该从现在开始关注副作用，遵循 KISS 原则编写程序。

9.6 函数原型中也要标注参数的数据类型

虽然现在流行 fuzzy 这个词，但 fuzzy 代表的模糊性并不是完美无缺的。相反，程序员应该致力于明确性（distinction）。那么，模糊性和明确性究竟指的是什么呢？

模糊性就像不透明的玻璃杯，看起来似是而非。不透明玻璃杯中的内容物在不同人眼里可能具有不同形态。同理，程序的模糊性指的是，对于程序包含的程序员思想，不同的人会对其有不同解读。

布莱恩·克尼汉和丹尼斯·里奇在《C 程序设计语言》中最早提出 C 语言标准，书中称，函数声明时并不要求必须在函数原型中指明数据类型。

示例　**未标记参数的数据类型而引入模糊性的函数原型**

```
#include <stdio.h>
……中略……

int Team();        /* 未标记参数的数据类型。*/
void Score();      /* 参数的数据类型模糊。*/
int Board();       /* 模糊性引起混乱。*/

……中略……

int main(void) {
    ……中略……
}
```

该程序中，三个函数原型 Team()、Score()、Board() 均未明确标记参数的数据类型。以前，这种形式的语句是合法语句，但因为无法从中知晓这些函数究竟需要几个什么类型的参数，导致程序模糊不清。程序员不得不查看函数主体部分进行确认。如果不这么做而任意假定参数的数据类型，那么查看 main() 函数时就无法正确解读程序。

切记！函数主体应位于 main() 函数之后。如果没有在函数原型中明确标记参数，那么阅读函数主体前，很可能误解 main() 中的代码。

因此，必须明确编写函数原型，并在其中标记参数的数据类型。

示例 **明确标记参数的数据类型**

```
#include <stdio.h>
……中略……

int Team(void);
void Score(int, char *);
int Board(int [10][3], int, double);

……中略……

int main(void) {
    ……中略……
}
```

如上所示编写程序，阅读该程序的人会对编写者心存感恩。为什么呢？因为它很清晰。仅在原型中标记参数的数据类型即可使程序更加一目了然。

从中可以看出，Team() 函数并不需要引入任何参数；Score() 函数需要传递一个整数型数据和一个字符型指针；而 Board() 函数需要一个整数型二维数组、一个整数型数据和一个双精度浮点型数据。

这样，人们阅读该程序 main() 函数中使用的各函数主体时，就不会再感到混乱。

因此，为了避免模糊性、强化明确性，必须在函数原型中也标记参数。

9.7 形式参数也需要命名

程序员定义函数时，经常只标记形式参数的数据类型，而省略其名称。如下所示。

```
int Sum(int, int) {
    ……中略……
}
```

这种形式完全符合 C 编译器标准，甚至可以说，它是一种非常 C 语言化的编写形式。即使如下命名各形式参数，编译器也会在实际编译过程中无视这些名称。

```
int Sum(int English, int Math) {
    ……中略……
}
```

但上述两段代码中，哪个更易于理解呢？当然是第二段代码。在形式参数数据类型旁添加体现数据特征的形式参数名后，可以大大提高程序可读性。形式参数名可以起到一种类似于补充资料的作用。

另外，C 语言不要求实际参数名和形式参数名保持一致，所以命名形式参数时，完全可以不考虑实际参数名，只需要选择便于文字化的形式即可。换言之，在函数调用语句中，形式参数名会被替换为实际参数名或数据，所以二者不必保持一致。

```
a = Sum(100, 10);
b = Sum(class1_English, class2_English)
```

与实际参数名不同，如下例所示，形式参数名可以很长，最好能够充分体现形式参数需要传递的数据特性。

```
int Sum(int english_total, int mathematics_total) {
    ……中略……
}
```

9.8 必须标注返回值的数据类型

C 语言允许定义未指定返回值的函数，main 函数就是典型示例。以前可以如下所示，定义没有明确指定返回值的 main 函数。

```
main (...) {
    ……中略……
}
```

C 编译器会如何处理这种情况呢？通常会将 main() 函数的返回值数据类型当作 int 型处理，即将其视为如下定义的函数。

```
int main(...) {
    ……中略……
}
```

但这种隐式函数定义方式存在问题，因为无法从中准确知晓该函数将返回何种值。正常处理情况下通常返回 0，其他情况则返回 0 以外的其他数值。但编译器的这种自动处理的返回流程并不可信，因为有些编译器可能并不遵循这套处理方式。比如，有些编译器返回函数地址，还有些未成形的编译器会返回处理后的局部变量地址。

如果没有指明函数返回值的数据类型，则很难预测准确结果。因此，务必在定义函数时准确指明其返回值的数据类型。如果没有返回值，可以如下所示，利用 void 进行标记。

```
void main(...) {
    ……中略……
}
```

9.9 留意结果值

结果值指的是各种运算、调用、控制返回的最终结果的值，特别是调用返回的结果值又称返回值。如下所示。

```
int num = 0;
int bool;
bool = (num == 0);


if(bool) {
    ……中略……
}
```

上述代码中，num==0 的计算结果为真。此时，按照 C 语言中的规定，其返回值应为 1。if(bool) 随之演变为 if(1)，等同于 if(TRUE)，即将 if 语句指定为真，所以执行 if 语句下面的语句。大多数情况下，运算或调用结果为真时，依照规定或者惯例，应该视为返回 1 进行处理。但正是这种惯例本身存在问题。以 C 语言中的标准函数 strcmp() 为例。该函数用于比较两个字符串，如果两者相同则返回 0。

```
if(strcmp(string1, string2))
    printf("两个字符串相同。\n");
else
    printf("两个字符串不同。\n");
```

这段代码好像有些问题。编写该代码的程序员似乎做出了如下假定：调用某些函数时，如果调用结果是“乐观的”，则对应真值的返回值为 1。此处“乐观的”指的是两个字符串相同，因为程序员将 strcmp() 函数视为比较两个值是否相同的函数。并由此认为，如果两个值相同，即结果“乐观”，那么理所当然返回 1。

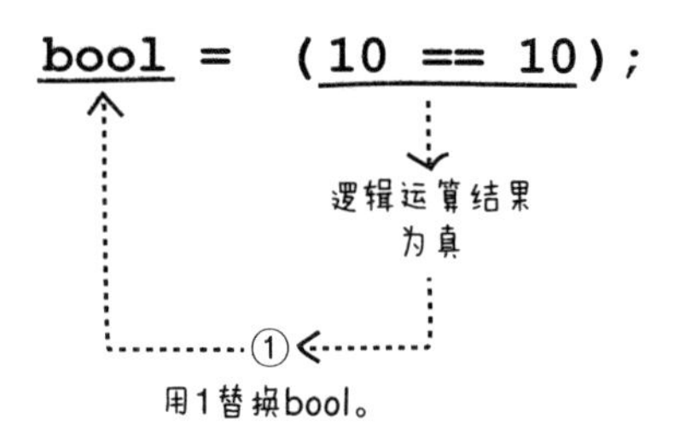

图 9-4　C 语言规定，值为真时返回 1

由此可见，程序员的问题在于假定出现“乐观”结果时，会返回 1 表示真。而 strcmp() 函数在两个字符串相同的情况下，返回的是 0。0 在 if 语句中被视为假，这导致最后输出了与程序预期完全不同的“两个字符串不同”的结果。

因此，程序员使用 strcmp() 函数时，必须进行如下 3 种操作。

使用 strcmp() 函数时必须进行的操作

1. 查看手册或函数说明书，确认两个字符串相同时的返回值。

2. 使用 strcmp() 时添加注释，记录其返回值。

3. 比较 strcmp() 函数的返回值时，务必使用逻辑运算符明确表示。

完成以上 3 种操作后的代码如下所示。

```
/* 两个字符串相同时，strcmp()函数返回0。*/
if(strcmp(string1, string2) == 0)
    printf("两个字符串相同。\n");
else
    printf("两个字符串不同。\n");
```

按照这种方式编写代码后，维护该函数的其他程序员就不必再查看函数说明书。而且 if 语句中包含明确的与 0 相比较的语句，使得不必再顾虑副作用的影响。

总之，各位必须牢记，C 语言所有运算、调用、控制过程中，真值并不一定始终返回 1。因此，必须仔细查看手册，并在代码中用注释和关系运算符做出明确标注。

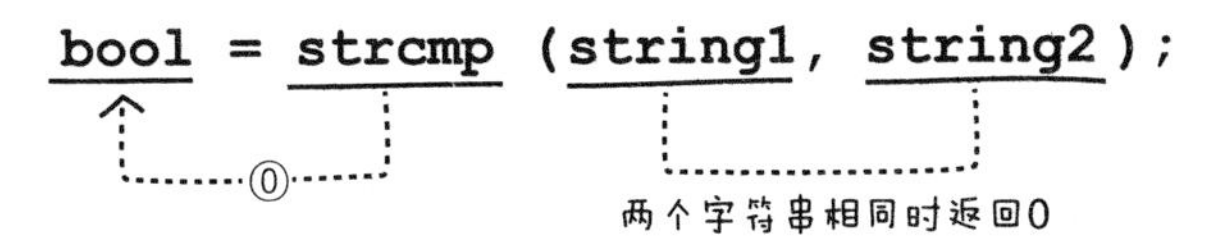

图 9-5　两个字符串相同时，strcmp 函数返回 0

9.10　在for语句等条件表达式中谨慎运算

下列代码偏离了清晰性原则，因为 for 语句的条件表达式部分进行了各种运算。

```
for ( j = x; j <= x * 10; j += x / 2 ) {
    ……中略……
}
```

该语句应该事先计算 y 和 z 的值，然后在 for 语句中使用。如下所示。

```
y = x * 10; // 10为年度单位
z = x / 2;  // 除以2，将年分为上下半年

for ( j = x; j <= y; j += z) {
    ……中略……
}
```

这样编写的程序更加一目了然。新需求改变 y 和 z 的计算方法时，完全不必修改条件表达式部分，这可以降低程序的出错概率。同时，

它还支持添加上例所示注释。

9.11 大量使用冗余括号

冗余括号指的是可用可不用的括号，不过用比不用好。具体代码如下所示。

```
sum = bonus + amount / month;
```

根据 C 语言运算符优先级，该语句首先计算 amount 除以 month，所得结果与 bonus 求和，最终结果存入 sum。但不了解 C 语言运算符优先级的人看到该语句时，可能误认为应该先计算 bonus 和 amount 之和，然后再除以 month。此时，插入括号可以使语句层次更明确。

```
sum = bonus + (amount / month);
```

事实上，该语句中的括号并不影响运算结果，所以不是必需的，但它能够使语句层次更清晰。同理，这种非必需的“冗余括号”可以明确语句或结构体。

C 语言中常用的括号包括小括号 ()、中括号 [] 和大括号 {}，其中小括号控制语句内部运算顺序，大括号控制各语句之间的运算顺序。因此，冗余小括号可以明确运算顺序，冗余大括号可以明确语句流程。

由此可见，在各种控制语句的条件表达式中，应该大量使用冗余大括号，使代码更加条理清晰。

```
if ( grade >= 90 || total >= 90 ) {
      printf("合格。\n");
}
```

在这个单纯的条件表达式中添加冗余括号。

```
if ( (grade >= 90) || (total >= 90) ) {
      printf("合格。\n");
}
```

这样使用冗余括号有助于明确区分关系运算符和逻辑运算符。虽然关系运算符的优先级通常要高于逻辑运算符，但冗余括号的使用可以使之更明确。其他人阅读该程序时，也可以完全不用顾虑优先级。

上述示例体现了利用冗余小括号可以明确运算表达式和条件表达式的运算顺序。下面利用冗余大括号明确语句流程，如下伪代码所示。

```
do
  语句1;
while(条件);
```

从语法角度看，该语句并无问题，但我们可以从多个角度进行解读。下列注释标记的是其中颇具代表性的一种解读方式。

```
do             // 此处为何突然出现do?
       语句1; // 看似一条独立语句。
while(条件); // 这是不是一条没写完的while语句呢?
```

如下添加冗余大括号。

```
do {
  语句1;
} while(条件);
```

这种情况下，程序流程更加明确。下面以 C 语言代码为例，查看冗余大括号的作用。如果 if 条件表达式之后紧跟的执行语句只有一条，那么通常省略大括号，如下所示。

```
if(parent == TRUE)
    child = FALSE;
```

与下列示例中标记了大括号的代码相比，有时，上面那种去除大括号的方法可读性更高，代码包含的字符数也更少。

```
if(parent == TRUE) {
  child = FALSE;
}
```

但编写 do...while 这种循环结构时，应该大量使用冗余大括号。如下所示，代码特定部分的语句被大括号包围成代码块形式。

```
do
  fucntionWrite();
while(count++ <= 100);
{
  functionRewrite();
    ……中略……
}
```

乍看该代码时，与其说是 do while 控制结构，不如说更像是 while 控制结构的代码。因此，修改该代码时，可能会有人认为 do 部分是笔误，进而直接删除 do 语句，将代码改写如下。

```
fucntionWrite();
while(count++ <= 100)
{
  functionRewrite();
  ……中略……
};
```

如果如下使用冗余大括号，那么语句结构更加一目了然，上文那种误会也会随之减少。

```
do {
  fucntionWrite();
} while(count++ <= 100);
{
  functionRewrite();
    ……中略……
}
```

另外，因为括号也算一种运算符，所以过多使用括号可能增加性能负荷。但一般情况下，这种负荷并不足以造成明显影响。因此，建议各位大量使用冗余括号。

9.12 如果else语句使用大括号，那么if语句也应该使用

有些特殊情况下，使用冗余大括号效果明显。比如在 else 语句中使用大括号就属于这种情况，如下所示。

```
if ( grade >= 70 )
        printf( "合格。\n" );
else {
        printf( "不合格。" );
        printf( "继续努力吧。\n");
}
```

该代码中，else 语句的主体部分使用了大括号，但 if 语句主体中并没有使用。此时，结构体莫名地不再那么明确。然而，如果如下成对使用大括号，结构就会变得清晰。

```
if ( grade >= 70 ) {
```

```
        printf( "合格。\n" );
}
else {
        printf( "不合格。" );
        printf( "继续努力吧。\n");
}
```

因此，使用大括号时，必须成对使用才能有效提高可读性。

9.13　函数末尾务必编写return语句

前文提到了两种提高函数明确性的方法，即命名函数中的形式参数，以及明确指定返回值的数据类型。此外还有一种方法，也就是即使函数的返回值的数据类型为 void，也要编写 return 语句。

函数返回值数据类型为空时，下面这种没有 return 语句的函数定义方式最常见。

```
void function(int num1, int num2) {
    ……中略……
}
```

函数长度较短时，结尾部分一目了然，没有 return 语句可能不是什么大问题。当然，从明确性层面看，这并不是规范的标记方式。但函数长度增大到无法尽收眼底时，如果没有明确指出返回值的数据类型，则很难迅速理解整个函数。同时，有些编译器还可能弹出警告信息。因此，应该如下所示，明确标注返回值的数据类型。

```
void function(int num1, int num2) {
    ……中略……
    return;
}
```

第 10 章

编写可移植代码所需编码准则

10.1　文件名不超过14个字符

10.2　不要在文件名中使用特殊字符

10.3　利用条件编译提高可移植性

10.4　了解编译器的限制

10.5　需考虑数据类型大小可能变化

10.6　不要指定绝对路径

10.7　可移植性和高效性二选一

10.8　用数组代替指针以提高可移植性

10.9　选择可移植性更好的编程语言

10.10　不要插入低级语言编写的代码

10.1 文件名不超过14个字符

编程时，始终要考虑下面两个环境。

1. 运行时环境（run time environment）

2. 编译时环境（compile time environment）

运行时环境中，尤其需要注意文件名。不同操作系统对文件名长度有不同限制，考虑到这一点，文件名最好不要过长。例如，由UNIX 系统 V 衍生的操作系统规定，文件名应在 14 个字符之内。UNIX 的 BSD 版本系列的操作系统则将其限定在 15 个字符之内。Windows NT 支持长文件名，几乎可以说对文件名长度没有任何限制。考虑到程序的可移植性，应该将文件名长度控制在 14 个字符之内。

> **提示 运行时环境**
>
> 运行时环境是运行程序的计算机的机器型号和操作系统等的统称。即使在相同的运行时环境下，如果编译器不同，程序的编译过程中也可能出现一些不同结果。也就是说，有些编译器的编译过程中可能出现其他编译器完全没有出现的错误，而且不同编译器生成目标代码的效率也会有所不同。

尤其是在程序代码中引用文件名的情况更是如此。例如，假设文件处理程序中引用的文件名超过 14 个字符。

示例　使用长文件名

```
masterFp = fopen("newly_updated_master_file.dat", "r+");
for(;;) {
    file_position = ftell(masterFp);
    if (fgets(read_line, sizeof read_line, masterFp) ==
NULL) {
        unlock();

        ……中略……

        close(masterFP);
        return FALSE;
    }
……中略……
}
fclose(masterFp);
```

在 Windows NT 这种允许使用长文件名的操作系统上，该程序的运行不会出现什么问题，但它无法在 UNIX 系列的操作系统上运行。虽然现在几乎不再使用，但 MS-DOS、PS-DOS、CP/M 等以前的个人 PC 专用操作系统同样限制文件名长度。在这些系统中运行时，该程序会因为无法打开对应主文件而终止。不仅该程序如此，与该文件相关的其他所有程序都可能出现异常运行结果。

我也经常遇到这种情况。为了切换运行时环境，不得不修改文件名，有时需要修改上百个程序单元，并再次编译、测试。而问题还远不止这些。

如果最初命名的文件名过长，就不得不同时维护 UNIX 环境和 Window NT 环境下运行的两个版本程序，这就必然要投入更多精力。不可否认，实际上消耗的维护成本往往远高于维修成本。

因此，为了保证程序能够顺利移植到对文件名长度有所限制的系统，我们初期就应该使用较短的文件名。

10.2 不要在文件名中使用特殊字符

另一点需要注意的是，不要在文件名中使用特殊字符或控制字符。不同运行时环境下，即运行程序的各种计算机操作系统中，有些允许文件名包含特殊字符，有些则不允许。而允许的特殊字符的种类也各不相同。

因此，最好使用通用形式命名文件。其中，以下这种只用英文字符命名文件的方法最合适。

```
newupmaster.dat
```

其次，除英文字符外，也可以包含下划线。

```
newup_mater.dat
```

很多系统都允许使用下划线，但大部分禁止使用如下这些特殊字符，所以最好不要出现在文件名中。

```
@, *, &, #, $, !, ^, (, ), /, \, |
```

这些特殊字符在各种系统中有特殊含义。例如，Windows 和 UNIX 系统中，* 和 ? 是通配符。对文件名的限制并不局限于数据文件，这些注意事项同样适用于和程序本身相关的各种文件的命名。

下面给出需要限制文件名的文件种类。

- 数据文件

- 头文件
- 库文件
- 目录
- 程序文件
- 错误信息文件
- 临时文件
- 项目文件
- 压缩文件
- 位图文件

> **提示**
>
> 除数字、英文字符、汉字外，所有字符均可视为特殊字符。C 语言用反斜线表示控制字符，如 \n。典型的控制字符包括换行符、换页符、制表符、警告符等。

对以上文件类型之外的、具有其他特性的文件命名时，也需要牢记所有限制条件，最好从系统的安装阶段开始就谨慎命名。

10.3 利用条件编译提高可移植性

编写程序时，经常会需要移植到不同计算机环境。每次需要移植到新的计算机环境或编译时环境时，都要修改代码，实在太麻烦了。计算机的使用环境可分为 16 位、32 位和 64 位的 int 型处理器。操作系统可以将一个字符的大小定义为 8 位或 16 位。

我们可以无视这些情况吗？当然不行。开发过程中，每个人迟早都会遇到一次需要改变运行时环境的情况。8 位计算机曾经风靡一时，但没过多久，CPU 就陆续改良为 16 位、32 位，相应的操作系统也不断升级。当时，我就多次遭受了不得不修改自己编写的程序的厄运。但为了推动整个计算机行业前进，我们不得不忍受这些痛苦。

经过一段时间的历练，从普通程序员成长为系统架构师之后，我经常需要负责确保编写的 1000 多行代码的程序能够在 Xenix 和 Dos 等多个系统上同时运行。整个调试过程中，我常常濒临放弃。计算机、操作系统、编译器全都不同，更有甚者，两个操作系统的编译器竟然不由同一家公司制造！

这些移植程序的工作经常让我感到恐慌，就像是行走在秋风阵阵的芦苇丛中一般瑟瑟发抖。结果我被巨大压力所困，几天之内什么事情都做不下去。这时，我脑中突然浮现出一个想法——条件编译，这才得以渡过难关。

示例 **条件编译**

```
#ifdef XENIX
#define NEWAPI 600
#define NEWTYPE iNUM
#else
#define NEWAPI 300
#define NEWTYPE liNUM
#endif
……中略……
```

像这样，用多种条件编译指令编写独立的头文件，并添加到所有程序，进而可以完成一个简单的项目。

编写依赖 1. 计算机 2. 操作系统 3. 编译器的程序时，只需要考虑条件编译即可。即使目前没有需求，但说不准什么时候就可能需要切换到与之前完全不同的计算机、操作系统或编译器上。

尽管条件编译可以大为提升程序移植效率，但仍然有很多程序员选择按照新的运行时环境的要求重新编写程序，而不愿意熟练掌握条件编译，因为他们认为条件编译既严苛又复杂。在此，我恳请大家选择条件编译！因为使用它得到的回报要远远超过学习时间的投入。

10.4　了解编译器的限制

考虑移植文件时，同样需要考虑编译器环境。即使在完全相同的计算机和操作系统环境下，使用不同编译器编译程序可能成功，也可能失败。

不同编译器关于 1. 嵌套深度 2. 模块大小 3. 允许的标识符长度的限制条件各不相同。

因此，编写程序前应该参考编译器说明手册，预先设定程序的边界值。

> **提示**　**嵌套**
>
> 嵌套指的是连续使用 if、while、for 语句产生的结果。换言之，如果控制语句内部包含其他控制语句，则称其为嵌套控制语句。嵌套控制语句多用于处理二维以上的数组，或实现复杂逻辑。
>
> **标识符**
>
> 变量名、函数名、类名、方法或对象名、用户自定义数据类型的名称等关键字之外，用户定义的名称均可称为标识符。
>
> 小型程序中，几乎体会不到这种限制的存在。例如，有些编译器规定嵌套深度最大为 265 层。即使如下嵌套很多层 if 语句，仍然不会超出编译器的极限。

示例　**较深嵌套**

```
if(...) {
    if(...) {
        if(...) {
            if(...) {
                if(...) {
                    if(...) {
                        if(...) {
                            ……中略……
```

但大规模程序中，有时会出现因编译器限制而失败的情况。特别是，受制于模块大小的情况尤其多。（根据不同编译器规定，一个模块的大小为 64 kB~640 kB。）这种情况下，程序员只有编写完程序并编译后才会发现，程序单元的大小超出编译器限制。因为编译前无法预测模块——即程序单元——的大小。

出现这种问题时，程序员只好更换编译器，或将程序分割成更小的模块。但选择更换编译器会波及整个项目，所以即使很费时，程序员还是会选择将原程序分割成更小的模块。

因此，项目架构师和程序员应该从一开始就了解编译器的限制，并以这些限制条件为编码方针，指导程序开发过程。

编译器限制相关编码方针示例

1. 一个模块的大小应限制在 640 kB 之内。

2. 为了满足条件 1，一个模块的长度应小于 OOOO 行。

3. 禁止使用整体大小超过 640 kB 的数组。

4. 嵌套深度不得超过 5 层。

5. 标识符长度应限制在 32 个字符之内。

如果事先制定了上面这种编码方针，就不必浪费精力对程序进行二次修改，进而可以缩短开发时间。

10.5 需考虑数据类型大小可能变化

处理 C 语言数据类型中的 int 型数据时，尤其需要注意这一点。较早开始使用 C 语言的程序员更加需要留心，因为 int 型的大小经历了从 16 位到 32 位的变化。

早期的程序员倾向于依据固有经验，假定 int 型的大小是 16 位。但最新型的编译器认为，int 型的大小为 32 位。该情况同样存在于 long 型（long int 型），有些编译器规定 int 型为 16 位，long 型是 32 位；还有些则认为 int 型和 long 型的大小均为 32 位。因此，不能轻易假设 int 型和 long 型的大小相同。

char 型的情况也大同小异。有些编译器认为 char 型等同于 unsigned char 型，而有些则认为其等同于 signed char 型。也就是说，char 型有时可以保存负数，有时则不可以。

数据类型的大小、能否处理负数等，均取决于编译器制造商。也就是说，所选编译器的不同会导致这些问题始终存在变化的可能性。

因此，程序员编写程序时要始终参考编译器说明文档，使用其中的 sizeof() 函数确认目标数据类型的大小。

虽然我一直强调这一点，但仍有很多程序员无视 sizeof() 函数的重要性。经验丰富的程序员会在程序起始部分用 sizeof() 函数编写用于确认数据类型大小的代码，而菜鸟程序员只会嫌弃 sizeof() 函数的繁琐。

从现在开始熟悉 sizeof() 函数也为时不晚。如果不使用该函数，而仅凭假定的数据类型大小编写程序，很可能出现数据溢出问题。由此造成系统瘫痪的话，要向谁问责呢？

10.6 不要指定绝对路径

C 语言的标准 include 文件位于 include 子目录，该目录位于 C 编译器所在目录。因此，如果编译器在编译过程中遇到如下语句，就会在标准目录下寻找 stdio.h 文件。

```
#include <stdio.h>
```

但是，有些程序员会如下所示，用绝对路径指定具体位置。

```
#include <c:\msc\include>
```

这样编写的程序很难在其他计算机上成功编译。例如，需要重新编译运行原始代码，但当前计算机中的编译器安装在 D 盘，这种情况下该怎么办呢？只好用下面的路径逐一替换原程序中的绝对路径。

```
#include <d:\msc\include>
```

这项工作非常繁琐，仅修改一个程序的路径并重新编译就需要耗时几分钟。如果有百余个这样的程序单元，那么仅这项工作就要足足消耗一天甚至几天。使用绝对路径会导致如此繁琐的结果，所以绝对不要用绝对路径指定包含文件位置。

这一点同样适用于需要包含用户自定义头文件的情况，最好不要用下面这种绝对路径。

```
#include "c:\myfolder\project\include\newtype.h"
```

而应该如下所示。

```
#include "newtype.h"
```

这样编译时，编译器就会在源程序所在位置自动搜索头文件。如果没有找到，则自动在源程序下的 include 子目录下继续搜索。因此，一定不要用毫无意义的绝对路径指定文件。

10.7 可移植性和高效性二选一

编写程序时，可移植性和高效性往往不可兼得。提高可移植性就意味着要损失效率，而提高效率往往需要以牺牲可移植性为代价。这一点在 C 语言系列中尤为突出。

表 10-1 区分可移植性和高效性

侧重点	对系统的依赖程度	代表性的实现手段
重视效率	高	位字段、指针、二进制文件、移位运算、引用调用等
重视可移植性	低	整数处理、数组、文本文件、乘 2/ 除 2 运算、传值调用等

下面探究其中缘由。要想提高效率，需要处理位字段而非整数，用位运算代替乘除运算，处理二进制文件而非文本文件，使用指针而非数组；反之则提高可移植性，即处理整数数据而非位字段，抛弃移位运算而仅用乘除法运算，处理文本文件而非二进制文件，使用数组而非指针。

为什么可移植性和高效性是相互矛盾的呢？如前所示，提高效率的技术方法很大程度上都依赖系统。换言之，越是针对专门设备进行特殊化处理的程序，其效率越高。也就是说，一定会牺牲可移植性。

该理论是否同样适用于多个模块组成的软件系统呢？资料显示，

假定有两个由不同程序员编写的模块，其中一人按照习惯处理数组形式的数据，而另一人则用指针和与动态内存相关的技术处理链表形式的数据。这种情况下，两个模块组成的系统可移植性更高呢？还是效率更高？仅从模块单位看，处理数组数据的模块可移植性高，而处理链表数据的模块效率更高。从系统单位看，其可移植性和效率都不高，结果既牺牲了可移植性，又牺牲了效率。这就像人的一条腿非常健壮，能健步如飞，而另一条腿则光洁美丽却十分柔弱。

因此，从系统单位角度看，即使仅由一个程序组成，只要系统包含多个模块，就需要在项目之初确定未来更偏重可移植性还是效率。如果以速跑竞技为目标，就需要两条腿都很健壮；如果以美腿为目标，就需要让两条腿都很漂亮。

10.8 用数组代替指针以提高可移植性

如果下定决心以可移植性为重心开发程序，那么即使会损失一些性能，也应该用数组代替指针。

数据类型的大小可能因为计算机型号、编译器或操作系统的不同而变化。以 int 型为例，有些型号的计算机规定其大小为 2 字节，而有些则规定为 4 字节。

由此可见，使用指针后，不得不编写依赖机器的程序。因此，要想提高可移植性，就应该用数组代替指针处理数据。

当然，从某些层面看，指针运算比数据更快、更简便、更精确。特别是开发应用于嵌入式系统的程序时，有时不得不考虑使用指针运算。但除这些情况外，日常统计处理等仅用数据结构也足以应对的情况下，则应该用数组代替指针。因为它可以使程序更加清晰易懂，可移植性也更优秀。

10.9 选择可移植性更好的编程语言

现代计算机语言是逐步改良的结果，不断向着优化可读性、精确性、可移植性的方向进化。据此，可移植性伴随着第 1 代语言、第 2 代语言、第 3 代语言的发展不断提高，第 4 代语言的可移植性总体要好于之前的几代。特别是最近的标准化语言中的 HTML5，其可移植性非常出众。只要有标准 Web 浏览器，它就可以在任何机器上运行。C 语言属于第 3 代，其可移植性也要优于之前的语言。

最近，Web 标准是大势所趋。负责制定 Web 标准的组织 W3C 凭借 Web 标准化的优势，致力于改善扩展性和可移植性。我认为，其中的可移植性最为重要。无论何种计算机型号、配置、操作系统，只要有统一的浏览器，就不需要修改源代码，这一点非常棒。由此可见，编写浏览器程序所用的 HTML5 语言算得上是可移植性最优秀的编程语言。

但现实并不这么简单，因为并非所有计算机都可以使用 Web 浏览器，且 WebOS 这种基于浏览器的虚拟操作系统尚未普及。而且截至 2013 年，HTML5 在嵌入式领域的应用并不顺利。目前，嵌入式领域仍是 C 和 C++ 语言的天下。即使退而求其次，也应当选择可移植性更优秀的编程语言。

不可否认，如果不是大型项目，就可以不必考虑移植的问题。无论使用 D 语言、Ada 语言或 FORTRAN 语言，都没什么问题，甚至用汇编语言编写所有源代码也是一样的效果。

但仍有一点不容忽视，可移植性和可读性通常成正比。对于可移植性最差的机器语言，其可读性要逊色于可移植性更好的汇编语言；而对于可移植性更好的 C 语言，其可读性同样优于汇编语言；对于以可移植性最优而闻名的 HTML5，其可读性同样优于 C 语言。

由此可见，即使不需要考虑可移植性，而仅从可读性的角度考虑，也应该选择可移植性更优秀的语言。以编写嵌入式程序为例，可以使用机器语言、汇编语言、C 语言中的任何一种。如果程序运行速度不足以成为问题，那么根据前文的理论，我们应该选择 C 语言。

总之，可移植性和可读性通常成正比。因此，只要不会引发严重问题，最好选择可移植性更好的语言。

10.10　不要插入低级语言编写的代码

有些编程语言允许在程序内插入用低级语言编写的代码，C 语言就是如此。但如果在 C 语言编写的代码中插入汇编语言、机器语言代码，那么 C 语言的可移植性方面可能出现问题。虽然插入低级语言代码可能不影响编译过程，但仍应尽量避免在可移植性更好的第 3 代语言中插入前两代语言的代码。这是出于保证可移植性的考虑。

如果不得不用低级语言实现特定功能，则应该用相应语言编写库，事先编译，然后再以函数形式调用。

第 11 章

编写精确代码所需编码准则

11.1 计算机并不如想象得那么精确

11.2 需要进行精确计算时避开浮点数运算

11.3 double型比float型更适合精确计算

11.4 确认整数型大小

11.5 必须明确计算单位

11.6 特别留意除法运算

11.7 尽量避免数据类型转换

11.8 精通编程语言的语法

11.9 留意可能出现的非线性计算结果

11.1 计算机并不如想象得那么精确

从根本上说，计算机是用电位差进行计算操作的机器。高电位为1，低电位为0，运算时只需使用0和1这两个数字。所有数字机器都遵循这种原理。

数字电路机器能明确区分有和无、真和假，从这一角度看，它要优于模拟电路机器。因此，很多人误认为数字电路机器一定是精确的。比起指针体重计，人们更偏爱数字体重计；比起模拟电视，人们认为数字电视必然更先进。而舆论和广告在这其中更是起到了强化偏见的作用。当今时代，电视广告不断传播着类似“数字测量更加精确”的虚假信息。那么，数字真的精确吗？

下面帮助大家破除这种偏见。举一个非常简单的示例。数字电路机器只能使用二进制数，表11-1用二进制数表示0和小数，并在旁边列出与之对应的十进制数。

表 11-1 比较二进制数和十进制数①

二进制数值	十进制数值
0	0
0.1	0.5
0.01	0.25
0.001	0.125
0.0001	0.0625

从表11-1可以看出，二进制数无法表示十进制数的0.1、0.2、0.3、0.4、0.6。由此可见，数字电路机器无法准确表示小数。

不可否认，只要事先规定用二进制数表示十进制数的小数的方法，

① 崔在圭，《编程入门》，信息文化出版社，102页，2003

就可以解决上述问题。但这是“规定”，而不是机器自身得出的“结果”。我们所说的对数字电路机器的“偏见”是误认为数字电路机器的结果一直是精确的，这一点不容忽略。因此，不要忘记，凭“规定”保证精确性与“机器本身可以给出精确的结果”是两个完全不同的概念。结论就是，数字设备“不能确保精确性”。

那么，只要事先制定“规定”，就一定可以保证得到精确的结果吗？答案是否定的。11.2 节处理浮点数的同时将进行详细说明。

11.2 需要进行精确计算时避开浮点数运算

浮点数的特性决定其无法进行精确运算。换言之，它一直存在误差。例如，1/3 的小数表示形式为 0.333333... 这种无限小数，而计算机则无法表示。

C 语言的 float 型数据只能保证小数点之后 6 位小数的精确度，而 double 型只能保证 15 位。因此，如果用 float 型表示，则会在规定的位置四舍五入。即 0.333333... 应该舍去小数点之后第 7 位的数字，成为 0.333333。

那么，怎样计算 1/3+1/3 呢？相当于计算 0.333333+0.333333，结果为 0.666666。

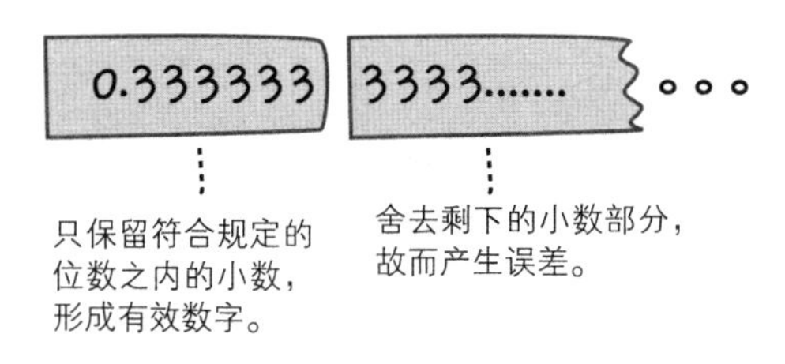

图 11-1 计算机处理无限小数的方法

数学上，1/3+1/3=2/3 是成立的，但在计算机中并不成立。数学上的 2/3 是 0.666666...，但 C 语言会四舍五入处理特定位置之后的数字。

float 型的结果值 2/3 就是 0.666667。

示例　**浮点数运算误差**

```
#include stdio.h

int main(void) {
    float num1;
    float num2;

    num1 = 1.0f/3.0f + 1.0f/3.0f; /* 结果是0.666666 */
    num2 = 2.0f/3.0f; /* 结果是0.666667 */

    printf("1/3 + 1/3 = %f \n", num1);
    printf("2/3 = %f \n", num2);

    return 0;
}
```

最终，C 语言计算 1/3+1/3 的结果并不等同于数学中的 2/3。浮点数运算一直存在这种误差，因此，需要精确计算时，应该用整数而非浮点数。特别是进行金融相关计算时，例如银行或信用卡公司，哪怕只有 1 元钱的误差，都需要通宵加班查明原因，所以更应尽量避免使用浮点数运算。

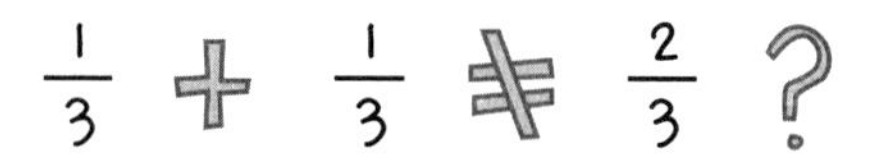

图 11-2　包含误差的浮点数运算

11.3　double型比float型更适合精确计算

C 语言提供 float 型和 double 型两种浮点数的数据类型，float 型又称单精度浮点数，double 型又称双精度浮点数。顾名思义，double 型是 float 型的 2 倍，即 double 型是精度加倍后的 float 型。更高的精度意味着可以进行小数点之后更多位的计算。

因此，double 型比 float 型更适合用于需要进行精确计算的情况。当然，使用比 double 型更大的 long double 型或 unsigned long double 型会更好。

有人会认为，double 型精度高于 float 型，那么其计算速度就会更慢。卡车装满货物时的移动速度要比空载时慢得多，这个例子似乎印证了前文关于计算速度的判断。但实际上有些编译器中，double 型运算速度比 float 型还要快。也就是说，与下列算式相比，

```
float result, num1, num2;
result = num1 + num2;
```

人们更倾向于认为以下算式的运算速度更慢。

```
double result, num1, num2;
result = num1 + num2;
```

实际上，确实有一部分编译器在计算第二个算式时，速度比第一个更慢。

提示

完全没有办法处理圆周率这种精确度在小数点后数十位以上的数值吗？当然不是。首先，可以用科学计算专用语言 FORTRAN 编写程序。如果必须用 C 语言编写，那么可以利用数组实现精确度更高的实数运算，只不过这种编写过程非常复杂。

但一般而言，C 语言进行 float 型运算时，会首先将其转换为 double 型，之后再计算。语句 `result=num1+num2;` 在 C 语言中会按照以下顺序进行处理。

1. 将 num1 转换为 double 型。
2. 将 num2 转换为 double 型。
3. 两数求和。
4. 将求和结果再次转换为 float 型。
5. 将转换后的结果存入 result。

相反，如果两数均为 double 型，则可省略上面步骤中的前两步。因为没有必要将 double 型的数据再次转换为 double 型。

1. 两数求和。
2. 将求和结果再次转换为 float 型。
3. 将转换后的结果存入 result。

正因为简化了一些处理步骤，所以一部分编译器进行 double 型运算的速度比 float 型运算要快。这与我们的常识相悖。

权衡数据类型的大小和运算步骤后，可以推测，double 型运算和 float 型运算的速度几乎相差无几。实际试验结果也正好印证了这一点，大部分计算机进行这两种运算时几乎没有什么区别。那么结论就很显而易见：既然速度差异并不明显，那么考虑到精确度，我们应该使用 double 型运算。

11.4 确认整数型大小

整数型大小取决于计算机的定义，不同计算机定义的整数型大小可能不同。大部分 UNIX 系列操作系统定义整数型大小为 4 字节（32 位），而 PC 中常用的操作系统有的定义整数型大小为 2 字节（16 位），有的是 4 字节（32 位）。大型服务器中还存在将 int 型定义为 8 字节（64 位）的情况。更有甚者，将整数型数据大小定义为 9 位或 40 位。因此，最好事先确认整数型数据大小。

整数型数据大小为 16 位时，可以表示的最大数值范围为 32767~ –32768。

```
int plus_over = 32767; /* 该语句不会引起问题。*/
plus_over = plus_over + 1; /* 出现数据溢出问题。*/
```

第一行代码不会引起任何问题，但第二行代码只增加了 1 就超出变量 plus_over 能保存的最大值。此时出现数据溢出问题，程序终止运行。

最小值的情况也是如此。

```
int plus_over = -32768;/* 该语句不会引起问题。*/
plus_over = plus_over - 1;/* 出现数据溢出问题。*/
```

整数型大小也会影响程序的可移植性。UNIX 中，假定整数型大小为 4 字节，在此基础上编写的代码无法在整数型大小为 2 字节的 PC 上运行。

```
int number = 70000; /* 假定number的大小为4字节，在此基础上编写
代码 */
```

整数型大小为 2 字节的 PC 中，最大值是 32767，所以必须将代码改写为如下形式。

```
long int number = 70000
```

编写代码的过程中，需要时刻考虑整数型大小。而且，并非只有整数型才存在这种问题，所有数据类型大小都有可能随系统变化而变化，必须实际确认所有数据类型大小后才能使用。编译器手册中会记录数据类型大小，limits.h 文件中也会有相关记载。还有一种确认数据类型大小的方法是，使用 sizeof 运算符。在这三种方法中选择自认为最方便的一种即可。

总之，大家应该养成编码之前确认数据类型大小的好习惯，最好能够在变量旁边标注数据类型大小。如下所示添加注释，可以提醒日后负责将该程序移植到 PC 端任务的程序员，使其对该变量大小多加留意。

```
int number = 70000; /* 假定int型大小为4字节 */
```

并相应地将 int 型改写为 long int 型。

11.5 必须明确计算单位

假设有如下程序。

```
int num;
int sum;
int total;

……中略……
```

```
sum = sum + num;
total = total + sum;
```

该程序的计算单位是什么呢？是“米”还是“厘米”？难道是“元”或者“美元”？又或许是“毫升”？

假设该程序用于会计操作，那么可以推测计算单位是货币单位。即便如此，又会是哪种货币的单位呢？美元还是人民币？难道是港币？又或许是新加坡元？

那么再次假设，已知以人民币为单位，如果是银行使用的程序，需要精确到元吗？还是仅用于统计资料，程序只需要计算到百万元数量级？

我接触过的各种计算程序中，没有明确记录单位的占到 90% 左右。那么，要从哪里寻找单位的线索呢？查看程序明细文书吗？有几个程序员可以真正做到不厌其烦地翻阅程序明细呢？又或者程序编写于数年之前，明细文书早已不知道被扔到何处，这时又该如何是好呢？

最好在头注释和正文注释中全部记录计算单位，而且在变量声明部分和实际计算部分也再次标记计算单位。如下所示。

示例　**在注释中严格标记计算单位**

```
/*
程序文件名 : account.c
目标 : 年度结算收支汇总
计算单位 : 元、千元、百万元
具体计算单位参见各函数旁注释
*/

int main(void) {
```

```
int num; /* 当日总结算收支 : 以元为单位计算 */
int sum; /* 一月内总结算收支 : 以千元为单位计算 */
int total; /* 一年内总结算收支 : 以百万元为单位计算 */

……中略……

sum = sum + (num / 1000); /* num以元为单位，sum以千元为
                             单位 */
total = total + (sum / 1000); /* sum以千元为单位，total以
                                 百万元为单位 */

……中略……
```

像这样，在注释中明确标注计算单位可以降低实际计算语句中误解单位的可能性，程序也会相应变得更加精确。比较最初示例中的代码和现在修改后的代码，着重观察注释之外的其余被修改部分，并认真思考为什么要这样修改。

第二段代码中，num 和 sum 分别除以 1000，将其修改为与计算单位相吻合的形式。如果没有明确标识单位，则会得出奇怪的计算结果。

11.6 特别留意除法运算

想要编写精确程序，需要特别留意除法运算。查看下列代码。

```
int num;
……中略……
num = 15 / 10;
```

各位认为 num 的值是多少呢？答案是 1。15 除以 10 的结果为 1.5，但计算式 15/10 是整数型数据之间的计算，这种整数型数据之间的运算会去除 0.5 这一小数部分，只留下 1 作为最终结果。C 语言进

行整数型数据的除法运算时，如上所示，毫不留情地舍去小数点之后的部分。下面看另一个简单的程序，该程序将整数型除法运算的结果保存到浮点数变量并输出。结果如何呢？

示例　**在浮点数变量中保存整数型除法计算结果**

```
#include <stdio.h>
float result;
int main(void) {
    result = 1/3;
    printf("1/3的结果是%f。\n", result);
    return 0;
}
```

大多数人会预测结果为 0.333333，但实际结果为 0.0。为什么呢？此处涉及除法运算的一个“陷阱”。

首先计算语句 `result=1/3;` 中的 1/3，然后将其结果赋值到 result 变量。即首先进行除法运算，然后进行赋值运算。

而进行除法运算的是两个整数型数据。据此，编译器假定该除法运算的结果同样为整数型，进而计算 1/3 时去除 0.333333 的小数部分，只保留 0 作为最终计算结果。之后再对 0 进行数据类型转换，result 的值也就变为 0.0。也就是说，并不直接将 1/3 的计算结果代入 result。

要想真正理解除法运算，就要对编译器处理计算表达式的顺序烂熟于心。但不同编译器对表达式的处理方法略有不同。虽然大部分编译器以类似方式运算，但过于依赖编译器处理方式的表达式仍有很大风险。

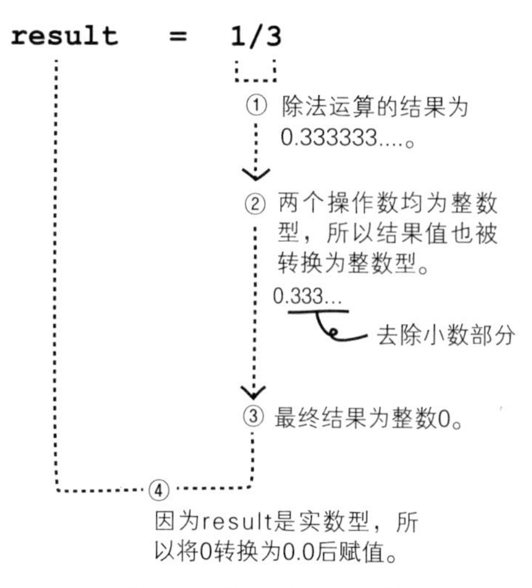

图 11-3　首先进行除法计算

因此，最好对上文表达式中的计算语句改写如下。

```
result = 1.0 / 3.0;
```

只有这样才能得到预期的计算结果，因为进行计算的两个操作数均为浮点数，不需要中途转换数据类型。之后将对数据类型的转换另外说明，此处需要强调的是，进行除法运算时需要特别留意这种情况。

图 11-4　不同编译器对相同除法运算的处理方式不同

11.7　尽量避免数据类型转换

数据类型多种多样，看似无法避免转换操作。使用强制类型转换运算符（casting operator）可以轻松转换数据类型，所以人们对数据类型转换的热情始终不减。

如下所示，将整数型数据转换为浮点数。

```
float fNum;
……中略……
fNum = (float) (12 + 3);
```

或者如下所示，将浮点数数据转换为整数等。

```
int iNum;
……中略……
iNum = (int) (fNum / 3.0);
```

但数据类型的转换始终存在风险。将高类型（长字节）转换为低类型（短字节）时，会损失一定的数据精度。如将 double 型转换为 float 型，或将 long double 型转换为 double 型，都会损失一部分数据。更有甚者，将实数型数据转换为整数时，小数点之后的所有数据都会丢失。

正因为进行数据类型转换随时存在风险，所以需要进行精确计算的程序中，最好避免此类操作，尤其需要注意是否存在隐式数据类型转换。下列示例代码并不少见。

```
double pi = 3.14159;
long int num;
long int r;
……中略……
num = pi * r * r;
```

上述代码中，以下语句进行了隐式数据类型转换。换言之，虽然肉眼无法识别，但编译器实际上自动转换了数据类型。

```
num = pi * r * r;
```

虽然 π 常量包含小数部分，但半径 r 的值是整数型，保存最终计算结果的变量 num 也是整数型。随着代码长度的增长，很难确认变量 num 和 r 是否被声明为整数型变量，所以产生这种失误。编码时，应该如下所示，将所有相关变量都声明为相同数据类型。

```
double pi = 3.14159;
double num;
double r;
……中略……
num = pi * r * r;
```

另一种防止出现隐式数据类型转换的方法是，在变量名前添加可表示数据类型的前缀。如下所示，声明并使用这些变量后，可以第一时间发现可能存在的不同数据类型变量之间进行的乘法或赋值运算。

```
double dPi = 3.14159;
long int liNum;
long int liRad;
……中略……
linum = dPi * liRad * liRad;
```

程序员可以在发现这些情况的同时修改程序。

11.8 精通编程语言的语法

首先看如下语句。

```
int array[10];
```

该语句声明了一个包含 10 个元素的数组。该语句中有运算符吗？虽然大多数人可能会回答没有，但运算符确实存在。[] 就是运算符，而且是优先级最高的运算符。

既然 [] 是运算符，那么该语句的运算顺序又是怎样的呢？根据 C 语言标准，[] 按照从左至右的集合方向进行计算。即首先运算 [10]，再运算 [2]。因此，生成的数组结构为 10×2，而不是 2×10。用指针遍历数组时，数组结构非常重要。要想正确理解数组结构，就要知道声明数组时 [] 运算符的集合方向。也就是说，要知道先计算 [][] 结构中的哪一个。欲知此事，需要精通 C 语言语法。

C 语言中，这种略显琐碎的语法往往能够决定整个程序。不仅是 C 语言，大多数人工语言都存在这种问题。虽然人们使用的自然语言可以克服这种细微的差别或模糊点，但计算机使用的人工语言却做不到。因此，要想编写精确程序，首先必须精通采用的编程语言的语法，这一点至关重要。要想使算法之花盛开，或收获开发应用程序的硕果，首先要保证语法之根扎得足够深、足够稳健。

11.9 留意可能出现的非线性计算结果

气象学家洛伦兹发现，微小的初始值误差可能在经过反复运算后产生完全意想不到的结果。他将这种对初始值的误差很敏感，并能对不同初始值做相应处理，最终产生与预期大相径庭的运算结果的现象命名为"蝴蝶效应"，从而开启了复杂系统理论的先河。

复杂系统理论或"蝴蝶效应"的内容众所周知，本书不再赘述。当然，也没有必要添加示例代码进行说明。

而码农、程序员和系统架构师一定要牢记，计算机反复运算的结果可能远远偏离我们的预期。

特别是涉及浮点数的话，这种现象尤为突出。浮点数本身并不是一种精确的数值表示形式，如果再对其进行反复运算，那么结果可能和预期值相差很大。这些数值偏差可能导致沉船、坠机、升降机骤停、发电站爆炸等事故，而这些事故又可能引发社会混乱、纠纷不断、战争爆发，甚至导致人类灭亡。

虽然此处夸大了"蝴蝶效应"的影响，但这正意味着我们迫切需要值得信赖的计算机运算。我必须强调："计算机并不始终是我们想象中的样子。"它有时并不能按照预期给出运算结果，特别是反复进行包含小数的数值计算时，这种情况尤为明显。

因此，如果在编码、设计程序算法、设计系统框架的过程中需要对细微数值差别进行反复计算，请各位务必多次校验运算结果。

第 12 章

提升性能所需编码准则

12.1 重视性能，限制输出

12.2 用简单形式改写运算表达式

12.3 需要高效处理大文件时应使用二进制文件

12.4 了解并使用压缩/未压缩结构体优缺点

12.5 根据运行环境选择编程语言

12.6 根据情况选择手段

12.7 选择更优秀的数据结构

12.1 重视性能，限制输出

启动 Linux 操作系统的计算机时，会看到很多提示信息。我不禁会想，有时间输出这些信息还不如快点启动。输出大量信息的程序广泛存在，常见的有压缩程序、杀毒软件等。虽然初衷是为了输出必要信息，但反复输出相同信息反而会成为一种负担。

因此，最好支持用户可以自由设置程序运行时是否输出提示信息。也就是说，用户可以选择输出或不输出这些信息。

用户不满意的地方远不仅止这些输出信息。C 语言中，负责格式化输出的 printf() 函数的运算成本要远高于其他运算。因为将字符串按照一定格式转换为数字的过程非常复杂，而且将字符输出到标准输出设备的过程同样非常耗时。另外，涉及这一过程的 scanf() 或 sscanf() 函数的运算成本也非常高。

如果说加法运算成本为 1，那么 printf() 函数的运算成本接近 200！运行一条 printf() 函数的时间可执行近 200 次加法运算。

图 12-1　printf() 函数将大幅度减缓程序运行速度

减少输出可以明显压缩程序运行时间。如果必须进行输出操作，可以考虑在程序运行时添加选项，默认设置为“不输出”，只有在用户有特殊需求的情况下才输出信息。

12.2 用简单形式改写运算表达式

从 C 编译器处理运算的层面看，乘法运算成本高于加减法，除法运算成本又高于乘法。浮点数之间的计算成本高于整数型运算，成本最低的运算是位运算或逻辑运算。

位运算、逻辑运算 < 加减法运算 < 乘法运算
< 除法运算 < 处理浮点数

运算成本从左至右逐渐增大，所以运算时，应该尽可能选择成本较低的运算。如下示例所示。

示例　**整数运算足以满足需求却错误使用浮点数运算**

```
double num = 3.0;
double sum = 300.0;
double avr = 0;
avr = sum / num;
```

该代码中，所有数值都没有小数部分，将其全部改写为整数运算也不会引起任何误差。可以看出，下面这种全部为整数运算的代码效率明显更高。

示例　**改写为整数运算形式可提高程序运行速度**

```
int num = 3;
int sum = 300;
int avr = 0;
avr = sum / num;
```

同理，将乘法运算改写为加法运算可以提高代码效率。因此，可以将下面这种简单的乘法运算

```
num = num * 2;
```

改写为如下这种加法运算。

```
num = num + num;
```

12.3 需要高效处理大文件时应使用二进制文件

用 C 语言处理文件时，一般使用 ASCII 格式的文件。

> **提示**
>
> ASCII 是美国标准协会制定的信息交换代码（American Standard Code for Information Interchange），ASCII 格式的文件一般又称文本文件。Windows 系统下，用记事本程序编写的文件就是文本文件。源代码文件也是文本文件之一。

用 ASCII 格式编写的文件优点是，在任何地方都可以查看该文件，因为任何计算机都提供可以查看 ASCII 格式文件（以下统称 ASCII 文件）的命令或程序。而且，ASCII 文件便于移植，Windows 上编写的 ASCII 文件可以直接用于 Linux。因此，大部分文件都是 ASCII 格式。

但是，ASCII 文件的读写速度要低于二进制文件，而且所占空间更大。

提示

二进制文件指的是计算机在内存中存储数据的形式，即用位字符串保存每个信息。简言之，可以将其视为将计算机内存保存的图像直接转存到硬盘的文件。

因此，如果程序性能至关重要或需要节约存储空间，最好选用二进制文件而非 ASCII 文件。

12.4 了解并使用压缩/未压缩结构体优缺点

C 语言擅长信号处理。实际生活中，随处可见需要信号处理的情况。用网络连接的计算机之间需要进行各种信号往来，根据 TCP、IP 或 ICMP、UDP 等规则传送或接收信号。

信号处理在小规模电子设备上也是必需的。手机就是一种可以实现信号处理的机器。电饭锅同样依赖信号处理控制电量，进而实现煮饭功能。不仅是我们身边的电子设备，大型生产中用到的机器内部也封装了各种处理器。这些处理器的主要作用就是恰当处理传感器接收的信号，并控制机器正常运作。

C 语言中，一般将负责这种信号处理的函数编写为结构体形式，使用更加方便。实际上，大部分程序员会单独定义负责信号处理的数据类型，即设置用户自定义数据类型。大部分程序员会用结构体声明这种数据类型。下列示例声明用户自定义数据类型 Signal。

示例 **用于信号处理的未压缩结构体**

```
struct Signal {
    char input_character;
```

```
    int error_check;

……中略……

    int parity_check;
    int carrier_check;
    int power_check;
};
```

该数据类型为了处理5个信号，定义了5个变量。假设int型大小为4字节，整个结构体为17字节。因此，用该数据类型——结构体Signal，声明的变量大小同样为17字节。如下示例所示，声明的new_input_signal的Signal型变量大小就是17字节。

```
Signal new_input_signal;
```

如果系统中需要非常多Signal型变量，会是什么结果呢？换言之，需要同时处理数十个信号的情况下，会怎样呢？此时可以声明Signal类型的数组。为便于讨论，假设有需要同时处理1万个信号的极端程序。

```
Signal signals[10000];
```

该数组的每个元素占据17字节，数组整体大小就是170 000字节，约等于170 kB。在PC上运行该程序会出现什么问题呢？有的操作系统限制栈大小为64 kB。也就是说，栈无法容纳该数组，需要寻找解决方案。

第一个解决方案是将数组声明为静态变量。

```
static Signal signals[100000];
```

但这并不是正确的解决方法，因为定义为静态变量可能扰乱整个程序流程。

第二个解决方案是减少 Signal 大小。如何减少呢？大部分信号只表现 on/off。因此，可以用位域定义组成该数据类型的各元素。如下示例所示。

示例 **用于信号处理的压缩结构体**

```
struct Signal {
    char input_character;
    int error_check:1;
    int parity_check:1;
    int carrier_check:1;
    int power_check:1;
};
```

像这样，用位域定义负责信号处理的各元素后，Signal 总大小减少到 2 字节之内。因此，即使声明 10 000 个信号处理所需数组，也只需要 20 000 字节，即 20 kB。这就满足一部分操作系统关于“栈最大为 64 kB”的限制。

这种使用位域减少所占空间大小的结构体又称压缩结构体，反之，没有使用位域而只使用一般数据类型、没有减少所占空间大小的结构体称为未压缩结构体。

为了节约内存空间，信号处理领域多采用压缩结构体。但压缩结构体会减慢程序运行速度，因为位域运算需要消耗大量时间。相反，未压缩结构体虽然占据较多内存，但与压缩结构体相比，处理速度更快，而且不使用位域会使程序更易理解、更加明确。

这两种结构体各有利弊。程序员应该充分认识这一点，并根据不同情况做出选择。如果没有限制栈大小或栈足够大，或者并不需要很多信号处理变量，那么最好采用未压缩结构体；如果栈大小受限或需要很多信号处理变量，则最好使用压缩结构体。

12.5 根据运行环境选择编程语言

最近，程序员热衷于使用 Java 和 C#，这些语言有很多优点。凭心而论，与 C++ 相比，这些语言更易掌握，也更稳定。而且，Java 和 C# 实现了网络环境下的优化。网络中的各计算机的操作系统可能各不相同，即使如此，仍能运行用 Java 和 C# 编写的程序。与操作系统无关，只要安装 JVM 或 CLR 这种虚拟运行环境，即可随时运行 Java 和 C# 编写的程序。

但 Java 和 C# 编写的程序并不依赖于计算机操作系统直接运行，而需要经过 JVM 或 CLR 这一步骤，所以运行速度慢。而 C 或 C++ 编写的程序可以在操作系统中直接运行，所以比 Java 或 C# 编写的程序更快。但 C 和 C++ 在网络环境下相对有些力不从心。

提示　C、C++、Java、C#的关系

C++ 是在 C 语言中引入面向对象的概念形成的，而 Java 则在 C++ 中引入混合方式编译器这一构想，C# 与 Java 相似却更简便、更稳定。

假设一个程序只运行在 Windows 环境下，完全没有在 Linux 或其他操作系统下运行的可能性。此时，应该选择哪种语言编写程序呢？Java 和 C#，还是 C 和 C++？如果是很看重运行速度的游戏程序或图像模拟程序，那么应该用 C 和 C++ 编写；如果是需要在网络环境下运行的程序，那么应该用 Java 和 C# 编写。

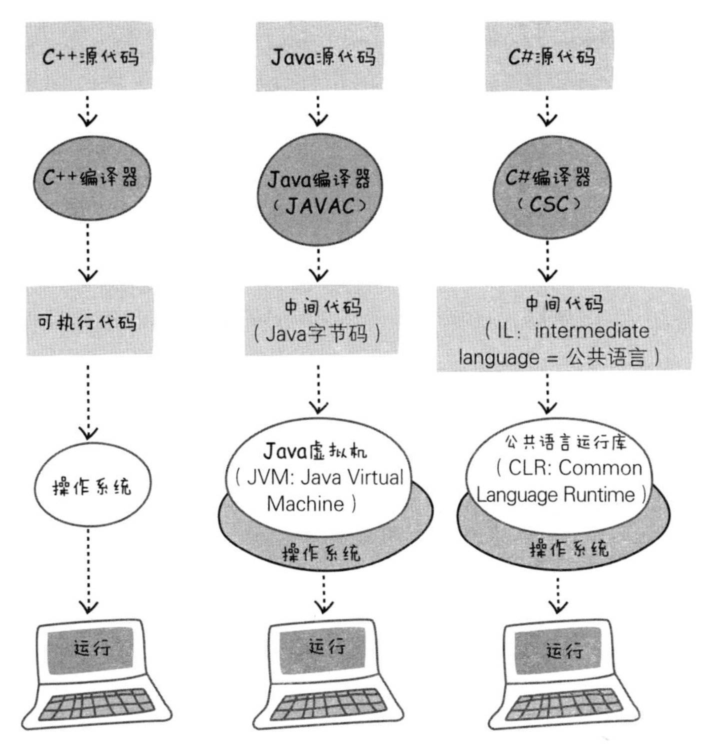

图 12-2　C++、Java、C# 运行环境

下面思考其他示例。编写控制洗衣机的嵌入式程序时，应该选择什么语言呢？回答这个问题需要深思熟虑。如果极端重视运行速度，那么应该选择机器语言或汇编语言；如果需要考虑可移植性、维护和代码编写难易度，则应该用 C 和 C++。

选择与程序运行环境相吻合的编程语言是不容置疑的原则。即使如此，仍有很多开发人员并不遵循这一原则。精通 C# 的程序员就连在 Windows 环境下编写以图像处理为主的 3D 游戏也使用 C#，这样编写的程序的运行速度有可能迅速吗？为什么放着 C 和 C++ 不用，非得选择 C# 呢？只是因为更熟悉 C#，而对 C++ 和 C 较为生疏。

实际上，这个问题与程序员的惰性有着直接的关系。如果程序员“非常懒惰”，开发项目很可以会以失败收场；而程序员“足够勤奋”并且“毫不畏惧学习新知识”的话，项目就很可能获得成功。程序员知道选择与运行环境最吻合的语言，那么项目就相当于已经成功了一半。

可能有人会质疑，选择与运行环境相吻合的语言和编码风格有什么关系呢？其实，编码风格的第一步就是选择编程语言。选择何种编程语言对程序的影响程度远大于缩进等细枝末节的影响。

12.6 根据情况选择手段

指针可以大幅提高程序性能，所以市面上的图书常常将擅长使用指针的程序员吹捧为“高级程序员”“有能力的程序员”。编写组成嵌入式系统的程序时，需要程序能够优化系统。而嵌入式系统相对缺少大型内存、CPU 的支持，必须考虑效率问题。这种情况下，能够随心所欲地熟练使用指针的程序员一定会备受推崇。

那么，编写个人 PC 或企业服务器上运行的程序时，对效率没有极端要求，又会怎样呢？这种情况下，运用指针的程序员还会备受推崇吗？当然不会。相反，能够选择与业务情况、系统情况相吻合的恰当方法处理问题的程序员更为可贵。例如，在需要最大限度保证可移植性的情况下，即使运行速度减慢、占用内存变多、代码编写更为繁琐，也应该选择数组而非指针，应该选择值传递而非引用传递。

简言之，擅长使用指针的人不一定是能者。能够从语言提供的各种工具中挑选最合适的，并知道如何充分利用该工具才最重要。

12.7 选择更优秀的数据结构

前面介绍了如何选择语言以及如何选择语言提供的功能，下面讨论选择数据结构的问题。

内存廉价且足够大的情况下，没有必要节约内存。因此，数组大小可以远超需要保存的数据大小。

但此项建议仅限任何时候都不会处理大量数据的情况。有时，需要处理的数据太多，超出数组可以承受的范围，此时应该选择数组以外的其他数据结构，其中以使用链表为最优。但这并不意味着数组只有缺点没有优点。处理字符串这种较小的数据或数据个数较少时，数组更为方便，既便于处理又便于理解。

因此，应该根据情况选择合适的数据结构。程序语言可以实现的数据结构多种多样，数组只是其中一种。仅仅因为它被广泛应用，各种编程语言才提供其基本实现。数组以外的其他数据结构大多以库的形式提供。程序员还可以用结构体、共用体和枚举定义并使用用户独有的数据结构，即用户自定义数据结构。

本书之所以介绍这种理论性的内容是因为，众多程序员居然选择利用数组解决所有问题，而不根据情况选择合适的数据类型。有些程序员甚至不知道除数组外还有其他数据结构。

不同程序员可能会用各种方式实现相同的程序设计，此时，数据结构应用能力的高低决定了编程质量的优劣。例如，在没有任何具体排序方式要求的情况下，收到实现排序功能的需求时，程序员可以自由选择排序方式。此时，选用不同的数据结构决定了排序方式和排序性能，所以必须对数据结构有充分认识。最好选择与情况相吻合的数据结构，无论数组、链表、树、队列、栈还是其他数据结构都有各自的优缺点，需要综合考虑并做出最优选择。

第 13 章 编写易于理解的代码所需编码准则

13.1 不要使用goto语句
13.2 不要替换C语言组成要素
13.3 缩短过长数据类型名称
13.4 使用if语句而非三元运算符
13.5 数组维数应限制在三维之内
13.6 考虑驱动函数main函数的作用
13.7 将常量替换为符号常量或const形态常量
13.8 考虑变量声明部分的顺序
13.9 尽可能不使用全局变量
13.10 遵循KISS原则

13.1　不要使用goto语句

现在还有使用goto语句的程序员吗？自从出现“结构化程序设计”这一理念，goto语句就几乎销声匿迹了。但随着结构化程序设计逐渐淡出社会热门话题的行列，goto语句大有卷土重来之势。

在此，我要复述编程领域前辈们一直挂在嘴边的话：

“绝对不要使用goto语句！”

事实已经证明，完全摒弃goto语句并不会影响编程工作，而且很多人一直在抨击goto语句的危害性。那么，为什么goto语句在这种情况下还能死灰复燃呢？原因应该在于，使用goto语句比结构化程序设计更易上手。确实如此，从编码角度看，goto语句更易使用。但从程序易于理解和维护的角度看，则应该使用能够将逻辑块紧密联系的结构化程序设计方式。因此，大家一定要抵挡goto语句的诱惑。

goto语句常常打乱程序逻辑，使控制流程盘根错节，理不出头绪。当你读到第100行代码时，可能突然发现马上要去读第10行；而准备从第10行开始重新依次分析程序流程时，却被再次告知要跳转到第1000行代码。之后还可能需要跳转到第501行，再跳转到第2行等。

我见过有人在一个程序中使用了超过10个goto语句。难道他不知道结构化程序设计思想吗？当然不是。他只是懒，或者说是自私。不管别人会不会在这段代码上耗费数日光阴，只想着自己方便就万事大吉。

示例　**过度使用goto语句导致逻辑混乱**

```
CHECK_FAIL :
if(failsignal == TRUE)
    goto PROGRAM_FAIL;
```

```
else
    goto PROGRAM_CONTINUE;
……中略……
PROGRAM_CONTINUE :
……中略……
goto CHECK_FAIL;
……中略……
PROGRAM_FAIL :
……中略……
```

看到这种形式的代码，各位感受如何？我觉得可能会联想到意大利面吧。面条缠绕在一起，很难用筷子夹出适量的面条放到嘴里。嗯，就是这种感觉。

但经验丰富的程序员可以利用结构化程序设计方法编写既便于分析、又更为简短的代码。

示例　**完全不使用goto语句而仅利用结构化程序设计方法**

```
/*** 程序主体 ***/
……中略……
CheckFail(failSignal);
……中略……

/*** 检查是否存在问题。***/
CheckFail(bool failSignal) {
if(failSignal == TRUE)
    exit(0);
    ……中略……

}
```

利用函数和恰当的控制语句，可以在完全不使用 goto 语句的同时编写优质程序。如果各位也有使用 goto 语句的习惯（没错，这就是一种习惯），请戒掉这种陋习，立刻训练自己习惯使用结构化程序设计方法。

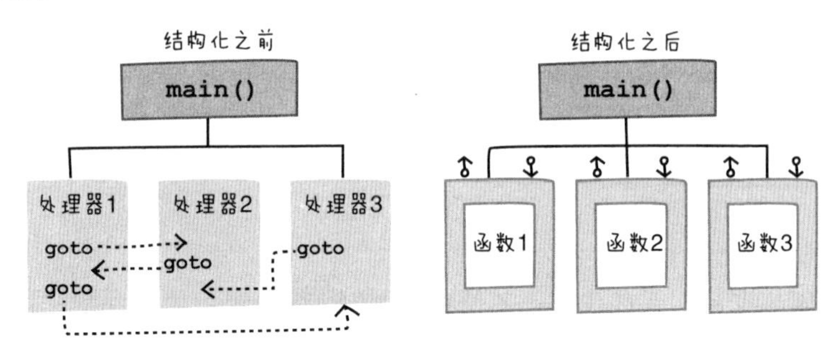

图 13-1　结构化程序设计可以简化程序流程

13.2　不要替换C语言组成要素

仔细观察程序员这个群体可以发现，个性保守或激进的程序员对编程的态度也趋于保守或激进。比如，仍然有些程序员对已经被人们遗忘的 PASCAL 语言念念不忘，他们一直致力于固守 PASCAL 的语法，甚至在使用 C 语言时都试图按照 PASCAL 的编码风格编写，甚至发明了专门的方法。

```
#define BEGIN {
#define END }
```

这些人用上述两行代码定义预处理器，享受与 PASCAL 的“秘密约会”。他们编写的 C 程序与 PASCAL 相差无几。

示例　**用类似PASCAL的形态编写C程序**

```
#define BEGIN {
```

```
#define END }
int main(void)
BEGIN
     int num = 0;
    ……中略……
    while(num < 100)
    BEGIN
       num ++
      ……中略……
    END
    ……中略……
END
```

这些程序员用 BEGIN 和 END 替换 C 语言的两个大括号，并由此幻想和 PASCAL 的“秘密再会”。但已经灭亡的 PASCAL 不可能复活，即使紧紧抱住其“尸体”、拼尽全力施救，都不可能唤回已经忘却人间烦忧、在天堂静享清福的 PASCAL，它也不可能给出一丝一毫的回应。现在，最好的做法就是让 PASCAL 的“灵魂”得以安息。

除了这些保守的程序员，还有一群人错误使用 C 语言的预处理功能。可以将这些人称为“伪改良主义者”。与用 BEGIN 和 END 替换 { 和 } 不同，他们用 @ 和 $ 这种自己看起来更顺眼的符号替换大括号。这些人全凭自己的心意编写代码，其代码形态如下所示。

示例　**用符合自己心意的代码形态替换C语言组成要素**

```
#define @ {
#define $  }

int main(void) @
    int num = 0;
    ……中略……
    while(num < 100) @
```

```
            num ++
            ……中略……
        $
        ……中略……
    $
```

这样做的理由究竟是什么呢？在熟悉C语言的程序员眼中，这种形态的代码只会让人闹心。除程序编写者外，其他程序员都不愿意看到这种代码，他们通常会再次将@和$换成{和}。有些程序员会将自己的想法强加于他人，认为只要自己看着舒服，那么别人看来也一定是舒服的。但事实并非如此，所以我奉劝大家不要随意将C语言组成要素替换为其他形态。

C语言关键字也是同理。有些程序员会试图像下面那样，将C语言关键字替换为汉字并使用。

```
#define 自动_变量   auto
#define 整数型_变量 int
……中略……
```

不可否认，用汉字编程可能会有好的一面。但对于像“打的”中的“的士”这种已经成为我们生活一部分的外来词汇，将其替换为“出租车”又能有多大好处呢？同样，C程序员都充分熟悉C关键字，这些关键字已经不再是单纯的英文单词，完全可以将其视为能够直接使用的外来词汇。

13.3 缩短过长数据类型名称

'张有才有福聪明伶俐健康长寿……'

这是很久之前的一个笑话里出现的小孩儿的名字。父母期望自己的孩子未来能一切顺利，故而将所有美好的祝福聚集在一起，为孩子起了这样一个名字。然而有一天，孩子不幸掉进水里，父母还没有来得及叫完全名，孩子就已经一命呜呼了。这真是个悲伤的笑话。

现代编程语言支持多种数据类型。为配合复杂的现代都市文明和机器文明，形态更加丰富的数据不断产生。为了处理这些数据，我们需要更多数据类型。

以 C 语言为例，仅整数型数据即可分化为多种形态，如下所示。

- int
- unsigned int
- short int
- unsigned short int
- long int
- unsigned long int

如此看来，数据类型名称只能像 unsigned long int 这样不断增加长度。和前文中的“张有才有福……”一样，这种较长的数据类型名读起来很别扭，而记住这种数据类型名更难上加难。

因此，程序员并不会直接使用数据类型名。很多程序员使用被 typedef 命令重定义后的较短的数据类型名，如下所示。

```
typedef unsigned long int ULI;
typedef unsinged short int USI;
```

上述代码中，数据类型名变为 ULI 和 USI。程序员可以任意选择新的数据类型名。如下所示，可以用新数据类型名声明变量。

```
ULI myLong;
USI myShort;
```

仅缩短数据类型名还略显不足。大部分程序单元只会用到几个有限的数据类型，并不会使用编程语言提供的所有数据类型。而程序用到的这几个为数不多的数据类型，也通常只有在声明一些有特殊含义的变量时才会派上用场。

以编写汽车模拟系统的速度控制模块为例。时速不可能小于 0，一般也不会超过 300 000 米。以米为单位测量速度时，300 000 米基本上就是极限了。因此，unsigned long int 就足以表示速度。而瞬间加速度可能小于 0，所以应该用 long int 表示。

实际业务中还会用到其他数据类型，此处为了便于讨论，假设只需要这两种数据类型，分别用于表示速度和加速度。

```
unsigned long int     表示速度的数据类型
long int              表示加速度的数据类型
```

由此可知，如果将这两种数据类型用更容易理解的名字重命名，那么编写程序时会更加得心应手。如下所示。

```
typedef unsigned long int SPEED;
typedef long int ACCEL;
```

之后可以如下所示，用重定义的这两种数据类型声明变量。

```
SPEED carSpeed[10];
ACCEL carAccel[10];
```

此时不可能用 SPEED 数据类型声明表示加速度的变量，同样，也不会用 ACCEL 数据类型声明表示速度的变量，而且程序也更易理解。因此，用 typedef 命令重定义数据类型名可以得到以下优点。

使用重定义的数据类型名的优点

1. 可以缩短原本较长的数据类型名。
2. 可以用与变量特性相吻合的数据类型声明变量。
3. 程序可读性更高、更易理解。

13.4 使用if语句而非三元运算符

C 语言支持用简单的表达式代替 if 语句。如下示例所示。

示例　**替换条件表达式的if语句**

```
if (num1 == num2)
    temp = num3 + f(num1);
else
    temp = f(num1) - num3;
```

可以将这段语句改写为下面这种只占一行的条件表达式。

示例　**替换if语句的条件表达式**

```
temp = (num1 == num2) ? d + f(num1) : f(num1) - d;
```

请各位思考，哪种方式更易读、更易理解呢？哪种方式的效率更高呢？首先从效率角度看，只占一行代码的条件表达式更高效。但最新型的制作优良的编译器编译 if 语句的效率丝毫不逊色于只有一行的条件表达式。

提示

可以用三元运算符表示此处条件表达式。三元运算符指的是 ?:，该运算需要三个操作数，故又称三元运算符。也可称为条件运算符。

从便于阅读，即可读性角度看，if 语句更好。经验丰富的程序员也许会认为条件表达式更便于分析，但只有少数业务非常熟练的程序员才会这样认为。

回想我一直强调的原则："只要不严重损害程序效率，就应该坚持编写易于阅读的明确代码。"由此不难看出，我们应该选择 if 语句而非条件表达式。当然，这只是我的建议。不可否认，三元运算符的可读性有时的确更高。

13.5 数组维数应限制在三维之内

C 语言并未限制数组维数，无论是二维数组还是十维数组，都可以声明并使用。也可以如下所示，声明维数很高的数组。

```
multi_dimension[10][20][3][20][30][40]....[10];
```

但这种数组是无用之物，因为我们的思维具有局限性。除非是像爱因斯坦那样的天才，否则思维的局限性将限制我们最多只能想象三维数组。

我们可以用思维想象一维数组和二维数组，比如常见的排队就是一维数组，城市里的建筑物分布是二维数组。想象三维数组时会略感困难。在哪里可以找到三维数组呢？想想箱子即可。就这样，我们可以通过日常生活中的实物想象三维数组。

但四维以上的数组就是另一回事了，现实世界中并没有能够体现四维以上数组的实物，所以很难想像。五维则更加困难，至于六维以上则完全无法想象。

13.6 考虑驱动函数main函数的作用

写程序与写书非常类似。就像用文字写书一样，我们用编程语言编写程序。

由此出发，我们再次思考 main 函数的作用。基本来说，main 函数是驱动函数，main 函数调用的函数称为被动函数。二者关系可以类比于图书，main 函数相当于书的封面和文前部分，作为被动函数的其他函数则可以视为书的正文。

一般而言，写书时，正文并不包含目录。目录自成一体，正文只承担自己份内的功能。由此可见，与目录具有相同作用的 main 函数也应该只忠实于调用正文定义的其他函数的职责，而不包含那些应该属于正文的实际处理语句。

下面讨论 main 函数中添加的注释。文前部分由书名页、版权页、前言、致谢词、目录等组成，同样，main 函数中也应该用注释形式记录程序名、著作权声明、包含程序目标等信息在内的前言等。而且，与目录对应的应该是 main 函数的主体部分中对被动函数的调用语句。

在 main 函数中记录程序引用的库信息也不失为一种好的做法。如果将某个可执行程序视为一本书，那么应该在各可执行程序中记录参考文献。#include 或 import 语句通常负责该功能。但程序实际要引用的不仅有库。例如，对于财务软件，公司的财务准则是必需要素，所以应该将对公司财务准则的引用也记录下来。日后使用该软件的人可以查找相关文档阅读，更容易理解。又如数学库，如果是广为人知的数学常识，理解起来自然不成问题；但如果是略显生僻的数学库，那么记录参考文献记录将是更好的做法。

下面比较去除驱动函数中与正文对应的执行语句前后的效果。下列代码中，main 函数内部存在可以视为正文的各种处理语句。

```
int main(void) {
  // 步兵统计部分
  int minInfantry = 8; // 步兵分队最少组成人数
  ……中略……
  statInfantry = sum;

  // 炮兵统计部分
  int minArtillery = 8;// 炮兵分队最少组成人数
  ……中略……
  statArtillery = sum;
}
```

如前所述，这样编写的代码晦涩难懂，所以应该明确区分驱动函数部分和被动函数部分。只有这样才能改善编写的代码，提高可读性，使其更明确。

```
 /* 驱动函数 */
int main(void) {
    minInfantry = 8; // 步兵分队最少组成人数
    minArtillery = 8; // 炮兵分队最少组成人数

    /* 函数调用语句的作用与目录类似。*/
    statInfantry = InfantryRoutines(x);
    statArtillery = ArtilleryRoutines(y);
}

/* 被动函数 */
```

```
InfantryRoutines(int x) {
    ……中略……
    return result;
}

/* 被动函数 */
ArtilleryRoutine(int y) {
    ……中略……
    return result;
}
```

用这种方法精简驱动函数后，自然可以推进程序模块化。

13.7 将常量替换为符号常量或const形态常量

毫不夸张地说，几乎没有不用常量的程序。如下代码所示。

```
int sleepTime = 18 + 0.5;
```

该代码中的常量是 18 和 0.5。直接在执行语句中输入常量会出现什么问题呢？问题在于，我们无从得知 18 和 0.5 究竟代表什么值。是温度、湿度，还是时间？毫无线索。反之，如下定义 const 型常量并赋予有意义的常量名，可大大改善程序可读性。

```
const int initialAirconDegree = 18;
const int airconDegreeStep = 0.5;
……中略……
sleepTime = initialAirconDegree + airconDegreeStep;
```

除此之外，另一种方法是使用符号常量。如下所示，用 #define 预处理语句定义符号常量，并在后续程序中使用该符号常量，同样可以使程序更易理解。

```
#define INITAL_AIRCON_DEGREE = 18;
#define AIRCON_DEGREE_STEP = 0.5;
……中略……
sleepTime = INITAL_AIRCON_DEGREE + AIRCON_DEGREE_STEP;
```

需要注意，符号常量的惯例是将所有字符大写，但 const 型常量并没有这种惯例。常见写法有以下两种。

```
const int const_initialAirconDegree = 18; // 常量名前添加const_
const int INITAL_AIRCON_DEGREE = 18;// 像符号常量一样用大写字母
                                       表示
```

有些程序员喜欢前者，有些则喜欢后者。有些程序员则直接按照命名变量的方式命名 const 型变量。

13.8 考虑变量声明部分的顺序

在变量声明语句聚集的地方——变量声明部分中，安排变量声明语句时，最好按照一定标准排列。也就是说，根据用户自定义数据类型、外部变量、静态变量、全局变量、局部变量的顺序排列，或根据使用范围从宽到窄、变量名称从长到短的顺序排列。

用户自定义数据类型指的是用户利用结构体、共用体、枚举等形式定义的全新数据类型。虽然不同语言会有不同规定，但 C 语言除了提供基本的 int、char、float、double 等数据类型外，还支持用户定义自己所需的数据类型。面向对象的语言中，类也被视为一种用户自定义数据类型。

不管怎样，用户利用 struct 结构体定义了 Student 数据类型，可以按以下方法声明变量。

```
Struct Student ourStudent;
```

如果是 C++ 或 Java 等情况，定义 Student 类后，也可以如下生成对象。

```
Student ourStudent = new Student;
```

正因为需要在变量声明时使用用户自定义数据类型，所以毫无疑问，应该在声明变量前，首先声明用户自定义数据类型。之后最好按照多个程序共用的外部变量、程序单元内部多个函数共用的全局变量、只有对应函数才会用到的局部变量的顺序整理变量声明部分。有些人偏爱将用户自定义数据类型的声明语句放在全局变量声明语句之后。哪种顺序最优并不重要，最重要的是事先制定标准，之后严格遵守。只有这样，开发人员讨论程序或验收代码时，才能立刻找到特定变量。下面是典型的排列顺序。

```
#include <stdio.h>

/* 用户自定义数据类型声明部分 */
typedef struct _student { } student;
……中略……

/* 外部变量声明部分 */
extern int linkVariableForComm;

/* 静态变量声明部分 */
static staticVar = 0;
……中略……

/* 全局变量声明部分 */
int globalVar = 0;
```

```
int main(int, int) {
    /* 局部变量声明部分 */
    int thisvar = 0;
    ……中略……
}
```

实际工作中，程序员会将用户自定义数据类型、外部变量、静态变量、全局变量等单独保存到一个头文件，之后根据需要插入。本书只是为了便于理解，才将所有变量全部放在一段代码中。

13.9 尽可能不使用全局变量

扰乱程序逻辑、增大理解难度的重要因素之一就是全局变量。

要想使用全局变量，需要能够在任何时候预测全局变量的值，而且必须能够验证全局变量实际的值是否与预想值吻合。

否则很容易出现全局变量的值和程序员预想值不同的情况。特别是多个函数共享一个全局变量的情况下，随着函数对该全局变量的使用次数的增多，且随着使用该全局变量的函数的增多，这种情况尤为突出。

因此，优秀的编码习惯应该是避免使用全局变量。事实上，几乎所有全局变量都可以用局部变量和函数参数代替。不通过全局变量共用某值，而在局部变量中保存该值，然后每次与函数之间以值传递的形式进行处理。

通过这种处理方式，即使没有代码示例，任何程序员也都可以理解。但即使如此，仍有人经常使用全局变量，这已经成为一种陋习。

13.10 遵循KISS原则

介绍“副作用”的章节提到过 KISS 原则，下面对该原则进行详细说明。KISS 是 Keep it simple and short 的首字母缩写，也就是写作理论中经常提到的“编写简练、简单文章”的原则。越是简练的语句，越能更好地传达信息。站在接收信息的人的立场看，这样的语句更易于理解。我们编写的代码越简练，接手代码的人，即更新代码（重构代码）的第三方或其他任何人就越容易理解。代码更易于理解会带来以下这些好处。

1. 易于修复代码漏洞（debugging）。
2. 易于重构代码（refractoring）。
3. 易于维护代码（maintenance）。
4. 易于修复代码（rebuilding）。
5. 易于复用代码（reusing）。

由此可见，遵循 KISS 原则编写简练代码关系到日后几乎所有工作，可以从各种层面带来可观改善。

第 14 章

用户接口处理相关编码准则

14.1 确保保存输入值的变量足够大

14.2 转换说明符和参数个数应保持一致

14.3 使用fgets()和sscanf()函数而非scanf()函数

14.4 使用fflush()函数清空标准输入/输出设备缓冲

14.1　确保保存输入值的变量足够大

以下程序将输入的名称保存到 name 数组，以字节为单位计算输入字符串的长度，并输出到界面。

示例　**计算并输出输入字符串的长度**

```
#include <stdio.h>
#include <string.h>
char name[7]; /* 该变量用于保存名称，注意该数组大小 */
int main(void) {
    printf("请输入名称 : ");
    fgets(name, sizeof(name), stdin);
    printf("输入的名称长度为%d字节。", strlen(line));
    return 0;
}
```

该程序潜藏着风险，请注意用于保存名称的数组 name[] 的大小。编写这段程序的程序员似乎默认名称长度最大为 6 个字符，即大约 3 个汉字。包括字符串末尾标识符 \0 在内，数组大小定义为 7。

如果名称含有 4 个以上的汉字，会发生什么呢？或者包含 7 个以上英文字符，又会怎样呢？换言之，如果输入的数据多于数组大小，会出现什么结果呢？当然会产生问题。大家可以编译并运行该程序，实际进行测试。都会出现什么问题呢？也许是不允许输入 6 个以上英文字符？或者试图输入 4 个汉字时，最后一个汉字无法正常输入？又或许即使能够正常输入，但程序输出结果显示的字符串长度并不是 6？如果以上问题都没有发生，那么还有一种可能就是程序终止运行。

由此可见，输入值超出数组大小时会产生问题，所以应该确保数组长度足够大。只要不需要极端节约内存，就应该确保定义的数组长度“足够大”。因此，应当将上述示例改写如下，将数组长度定义为 100 个单位。

```
char name[100];
```

将眼光放长远些。节约几十字节内存并不能明显改善程序性能。

“确保保存输入值的变量足够大”这一准则并不仅针对数组，它同样适用于数组之外的其他单一数据类型。下列代码声明了 int 型变量，其大小为 2 字节，这也意味着用户无法输入大于 32 767 的数值。

```
int num;
```

因此，最初就应该用以下语句声明。

```
long int num;
```

像这样，事先用较大数据类型声明变量，日后就不必在输入值大小上多费心思。与 double 型相比，应选择 long double 型；与 int 型相比，应该用 long int 型声明变量。

14.2 转换说明符和参数个数应保持一致

C 语言的哲学是，为最大限度发挥程序员能动性，向其提供最大限度的自由。C 语言相信程序员的能力，此处所说的“能力”同样包含发现并解决可能出现的问题的能力。换言之，C 语言认为发现并解决可能出现的问题是程序员的责任。

我们可以从 printf() 函数中找到体现这一观点的示例。printf() 函数的参数包括格式描述串和输出参数列表，格式描述串一般由普通字符串和转换说明符组成。

程序员需要保证 printf() 函数的转换说明符的个数和输出参数列表保持一致。这完全是程序员的职责，C 语言并不会检查二者是否一致。

如果在警告级别较高的编译器上编译程序，可以看到相关警告信息。

个数不一致的情况又可以分为两种。第一种情况是，输出参数的个数多于转换字符。

```
printf("输出%d和%d", num1, num2, num3, num4);
```

此时，编译器选择忽略 num3 和 num4，这不会引起任何问题。当然，没有引起问题并不意味着应该编写这种形式的代码。

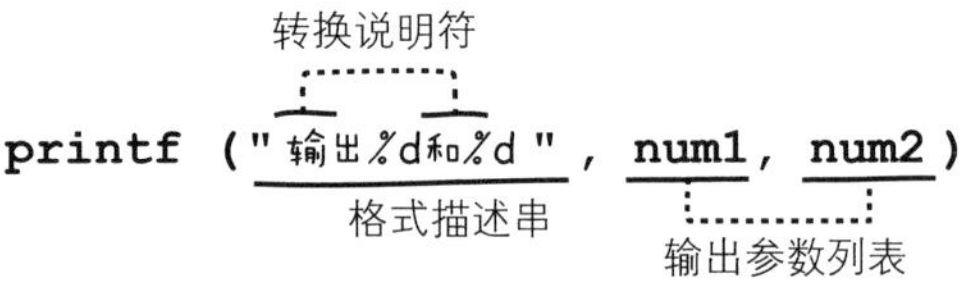

转换说明符

printf ("输出%d和%d", num1, num2)

格式描述串

输出参数列表

图 14-1　printf() 函数结构

第二种情况是，转换说明符多于输出参数的个数。

```
printf("输出%d、%d和%d", num1, num2);
```

这种情况下，与第三个转换说明符对应的位置可能输出奇怪的数字。这意味着，转换说明符多于输出参数的个数时，容易出现问题。因此，使用 printf() 函数时，要始终保证转换说明符与输出参数的个数保持一致。这一点同样适用于 scanf() 函数。

查看以下示例。各位认为，该程序最终结果中显示的数字会是多少呢？

示例　**省略输出参数引发结果异常**

```
#include <stdio.h>
int result;
int main(void) {
    result = 2 + 2;
    printf("结果是%d。\n");
    return 0;
}
```

如果认为结果值是 4，那就大错特错。结果可能是 3，也可能是 1919，还可能是其余任一数字。请各位自己思考其中玄机。

14.3　使用fgets()和sscanf()函数而非scanf()函数

C 语言中，最常用的函数应该就是 printf() 函数和 scanf() 函数。除了 printf() 函数用于输出、scanf() 函数用于输入之外，两个函数的用法几乎相同。

但 scanf() 函数存在一个问题，它对文件末尾出现的 EOF 的处理并不稳定。scanf() 函数有时会遗漏 EOF，用户在计算机上输入您好。^Z，scanf() 函数只会接收到您好。。

出现这种情况的原因是，scanf() 函数读入字符串的过程中，中间遇到空白字符或特殊字符后，会停止读入。例如，输入值为您好。我国 ......，scanf() 函数只读入您好。。换言之，并不读取一行之内的全部内容，而只读入一个词组。

提示

Windows 环境下，EOF 对应的键盘输入值为 ^Z（Ctrl+Z），UNIX 中对应的是 ^D（Ctrl+D）。

EOF 也是特殊字符，会被当作空白字符处理。因此，输入您好。^Z 我国 ...... 的话，scanf() 函数同样只读入您好。。实际上，几乎不存在输入包含 EOF 字符在内的特殊字符的情况。但如果必须输入特殊字符，应该怎么做呢？或者需要输入包含空格的语句，应该怎么做呢？此时就不得不修改程序。因此，最好在一开始就按照能够处理空白和特殊字符的方式进行编码，即应该编写能够读取整行输入值的程序。

要实现这种功能，应该依次使用 fgets() 函数和 sscanf() 函数。fgets() 函数可以读入包含特殊字符和空白字符在内的整行内容，并保存到标准输入设备的缓存中的函数，而这些内容又可以被 sscanf() 函数读取并转存入变量。

提示

sscanf 意为 string scanf，即可以读入字符串所有内容的 scanf() 函数。

下面利用这两个函数编写程序。

示例　**使用fgets()函数和sscanf()函数**

```
#include <stdio.h>
char console_line[80]; /* 控制台界面中一行字符串能达到的最大长度 */
int number; /* 展示如何用fgets函数对输入字符串进行数值处理 */
```

```
int main(void) {
    printf("请输入数值 : ");
    fgets(console_line, sizeof(console_line), stdin);
    sscanf(console_line, "%d", &number);

    ……中略……

    printf("%d的2倍是%d。\n", number, number * 2);
    return 0;
}
```

该程序中的 fgets 函数负责从作为标准输入设备的键盘（stdin）中读入与 console_line 等长的输入值，并存入 console_line。此时读入的值为字符串。

如果只需要处理字符串，就没有必要再使用 sscanf() 函数，直接使用 console_line 中保存的字符串即可。

但如果要将该字符串转化为数值，需要再用 sscanf() 函数读入 console_line 中保存的值。需要牢记，sscanf() 函数读入的是字符串。因此，sscanf() 函数读入 console_line 中的字符串，根据 %d 转换为十进制数后，再保存到 number 变量。只要使用 fgets() 函数，即可实现 scanf() 无法实现的对包含特殊字符在内的所有内容的读入，这是其优点。在此基础上使用 sscanf()，可以将 fgets() 函数保存的字符串转换为数值。

从现在开始放弃 scanf() 函数吧。希望各位努力培养同时使用 fgets() 和 sscanf() 函数的习惯。

14.4 使用fflush()函数清空标准输入/输出设备缓冲

出现运行时错误时，程序通常无法正常终止。运行时错误通常出现在栈溢出、数据溢出、除以 0、引用错误地址等情况中，而问题在于，出现这种运行时错误后，程序是在没有清空标准输入 / 输出设备缓冲的状态下终止的。如下示例所示。

示例　**故意触发运行时错误**

```
#include <stdio.h>
int main(void) {
    int num1 = 1;
    int num2 = 0;
    printf("运行时错误出现前\n");
    num1 = num1 / num2;       /* 除以0，故意触发运行时错误 */
    printf("运行时错误出现后\n");
    return 0;
}
```

编译执行该程序时，界面上不会出现任何内容。为什么会这样呢？执行除以 0 操作并触发运行时错误前，明明试图输出“运行时错误出现前”这句信息。根据 printf() 函数的原理，该语句并不立刻输出到界面，而先将其输出到缓冲。随着程序的正常运行，缓冲保存的语句再输出到界面。但该程序将缓冲保存的语句输出到界面前，就因出现运行时错误而提前终止，这条信息也就因此被遗留在缓冲内。

为了防止出现这种问题，我们需要使用 fflush() 函数。该函数可以将缓冲内容强制传递到输入 / 输出设备。因此，执行以下程序可以在界面看到输出信息。

示例　**fflush()函数防止运行时错误**

```
#include <stdio.h>
int main(void) {
```

```
    int num1 = 1;
    int num2 = 0;

    printf("运行时错误出现前\n");
    fflush(stdout); /* 将上一条语句从缓冲强制传送到输出设备 */

    .……中略……

    num1 = num1 / num2; /* 除以0，故意引发运行时错误 */
    printf("运行时错误出现后\n");
    return 0;
}
```

使用 fflush() 函数可能影响程序运行速度，但它同时可以在出现运行时错误时完全清空缓冲，保证下一个程序的稳定性。

如果没有用 fflush() 函数清空缓冲，会出现什么结果呢？如下使用 scanf() 函数的程序所示。

示例 **程序异常终止导致缓冲未及时清空**

```
#include <stdio.h>
int main(void) {
    int num1 = 1;
    int num2 = 0;
    int data_in;
    scanf("请输入数字 : %d", &data_in);
    num1 = num1 / num2; /* 除以0，故意引发运行时错误 */
    return 0;
}
```

该程序中，运行时错误出现前，用户输入的数据会怎样呢？保存于变量 data_in 吗？并不是。用户输入的数据被临时保存到键盘缓冲，然后向 data_in 传递数据的过程中，程序意外终止，输入值就被遗留在键盘缓冲内。

在这种情况下紧接着执行下列程序，再次读入某个值，观察会有怎样的结果。

示例 **连同键盘缓冲残留值一起输出**

```
int main(void) {
    int data_in2;
    scanf("请输入数值 : %d", &data_in2);
    printf("输入的数值是%d。", data_in2);
    return 0;
}
```

假定该程序运行时用户输入 10，但实际输出的却不是 10，而是连同之前程序在键盘缓冲内残留的输入值一起输出到界面。假定前面程序输入了 20，那么该程序的输出值很可能是 2010。当然，还有些系统可能输出更离奇的数值。

如何才能防止这种情况出现呢？在程序起始部分使用 fflush() 函数强制清空键盘缓冲即可。也就是说，如下改写上述程序。这样，程序运行前即使有其他程序因为运行时错误而强制终止，也不会影响该程序正常输出用户输入的数值。

示例 **使用fflush()函数强制清空键盘缓冲**

```
int main(void) {
    int data_in2;

    fflush(stdin); /* 强制清空作为标准输入设备的键盘缓冲。*/

    scanf("请输入数值 : %d", &data_in2);
    printf("输入的数值是%d。", data_in2);
```

```
    return 0;
}
```

总之，即使 fflush() 函数可能降低程序性能（影响微乎其微），但需要优先保证程序稳定性时，仍需在合适的位置使用 fflush() 函数。包含输入处理的程序的起始位置一定要使用 fflush() 函数，而使用输出语句 printf() 函数时，如果可能出现运行时错误，那么记录这种情况即可。

提示

想要清空作为标准输入设备的键盘缓冲时，应使用 fflush(stdin)，传递参数 stdin；想要清空作为标准输出设备（stdout）的显示器缓冲时，应该使用 fflush(stdout)，传递参数 stdout。

第 15 章 编写零漏洞代码所需编码准则

15.1　数组下标应从0开始
15.2　置换字符串时必须使用括号
15.3　文件必须有开就有关
15.4　不要无视编译器的警告错误
15.5　掌握并在编码时防止运行时错误
15.6　用静态变量声明大数组
15.7　预留足够大的存储空间
15.8　注意信息交换引发的涌现效果

15.1 数组下标应从0开始

C 语言中的数组声明语句如下所示。

```
int myArray[10];
```

用该语句声明的数组具有如下形式。

```
myArray[0]
myArray[1]
myArray[2]
myArray[3]
myArray[4]
myArray[5]
myArray[6]
myArray[7]
myArray[8]
myArray[9]
```

此处需要注意，数组的第一个元素的下标为 0。也就是说，数组的第一个元素并不是 1 号元素，1 号元素实际上是数组的第二个元素。

程序员经常混淆这一点。这就导致为第五个元素赋值时，编写的语句形式如下所示。

```
myArray[5] = 0;
```

这会导致原本应该赋给目标元素的值误赋予非目标元素，进而产生严重问题。实际上，为第五个元素赋值的正确语句如下所示。

```
myArray[4] = 0;
```

指定数组下标时出现错误的原因主要在于，程序员基本功不够扎实。要想避免这些问题，就必须训练自己在指定数组下标时能够区分第一、第二、第三这种表示顺序的序数，以及一、二、三这种表示个数的基数。可以重读自己编写的代码，检查数组下标是否正确。

指定数组下标时出现的失误可能打乱整个数据集合。即应该赋给 1 号元素的值被赋给了 0 号元素，而 1 号元素仍保留原值。这与程序员的本意相背离，也很难定位引起这种数据混乱的根源所在。

这种从 1 开始对数组进行计数引起的错误又称大小差一（off-by-one）错误，顾名思义，就是少一个的意思。从 1 开始计数可能产生其他错误，比如无法处理数组的最后一个元素或引用无关数组，换言之，引用的数组可能始终是目标数组的下一个数组。

特别是在 while、for、do ... while 循环语句中，这种大小差一错误更容易出现。

```
int  myArray[100];
……中略……

/* 计算数组所有元素总和 */
int counter = 1;
while(counter < 99) {
    total += myArray[counter];
    ……中略……
    counter++
}
```

根据注释可知，该 while 语句要实现的功能是计算数组元素总和，那么应该从 0 号元素开始计算。但 counter 的值是从 1 开始的，也就是说，是从 1 号元素开始计算的。这就是典型的大小差一错误。应该将该语句改写如下，counter 从 0 开始计数。

```
int counter = 0;
```

随着程序员编程经验日渐丰富，这种大小差一错误的出现率会逐渐降低。但编程菜鸟还是会经常出错，所以应当时刻保持警惕。特别是编写循环语句时，更要多加留意。

15.2 置换字符串时必须使用括号

首先分析经常被用作示例的宏函数。

```
#define SQRT(x) x*x
```

从代码中可以看出，宏函数 SQRT(x) 可以计算 x 的平方值。从表面看这段代码并没有任何问题，运行如下语句后，可以得出 y 值为 100。

```
y = SQRT(10);
```

这是因为，该语句被置换为如下形式。

```
y = 10*10;
```

如果在宏函数中传递表达式作为参数，会出现什么结果呢？将下列表达式传递到宏函数，代码还能正常运行吗？

```
y = SQRT(10+20);
```

上述语句被置换为如下形式。

```
y = 10+20*10+20;
```

根据该表达式的运算符优先级，可以推测运算顺序如下，计算结果为 230。

```
y = 10+(20*10)+20;
```

我们预期的结果应该是 900，实际结果竟然是 230。

如何才能避免这种问题呢？如下所示，在定义宏函数时使用括号。

```
#define SQRT(x) (x*x)
```

如上定义宏函数后，再用下列语句调用该函数。

```
y = SQRT(10+20);
```

可以得出正确答案 900，因为该语句被置换为如下形式。

```
y = (10+20)*(10+20);
```

15.3 文件必须有开就有关

我编写过一个处理主文件的程序，该主文件一次需要保管大约 3 万份数据。而且主文件的特性要求，允许多个程序拥有同时使用该文件的权限。

项目快要收尾时，我开始进行综合测试。此时，问题出现了。所有程序中，只有我编写的这个程序出现了问题。我从头开始检查程序代码，却没有发现任何异常。虽然在各种编译器配置下不断编译、执行，但界面始终显示“无法打开文件”的错误信息。

这实在令人百思不得其解。我耗费了整整一周的时间死抠代码。当然，整个项目也因此延期一周。1500 行代码让我眼花、恶心，最后身心交瘁，几乎要放弃。就在这时，我突然灵光乍现：“说不定，并不是程序有问题。”

如果不是程序有问题，那么是什么问题呢？我开始查看所有可能与该主文件有关的程序。除了我自己编写的程序外，还检查了其他所有人编写的程序。就这样，一周又过去了。

最终，我在一个非常小的程序里发现了问题，该程序是由一个菜鸟程序员编写的。这个程序打开相应主文件后，没有关闭文件。为了定位这个问题，我浪费了两周。项目整体也因此延期两周，最后不得不支付迟延产生的延期赔偿金。

提示

> 应该区分主文件和常见历史文件。以财务工作为例，每天收到的票据单据是历史文件，也是所有数据统计的基本材料。根据这些材料，可以统计每天累计的统计结果，生成资产平衡表和损益表，而这种文件就是主文件。

当时，软件工程尚未普及，很多程序员的基本功并不扎实。但我认为，即使是现在，总有一些地方仍然存在这种情况。当时那个程序代码有什么问题呢？虽然我不能回忆所有细节，但其基本形态应该如下所示。

示例　未关闭文件

```
masterFp = fopen("master.dat", "r+");
for(;;) {
    file_position = ftell(masterFp);
    if (fgets(read_line, sizeof read_line, masterFp) ==
NULL) {
        unlock();
        return FALSE;
    }
    ……中略……
}
fclose(masterFp);
```

该代码试图按照如下方式处理。

示例　未关闭文件的程序伪代码

```
打开主文件。
无限循环
    读取文件中的一行内容。
    如果读入的行中没有任何数据，
        通知“失败”并返回。
关闭文件。
```

这段代码的问题是什么呢？问题就在于，如果读入的行中没有任何数据，程序会立刻返回上层程序。即使没有读入任何数据，也应该将已经打开的文件关闭后再返回。否则，文件将始终处于打开状态，其他程序无法再次打开该文件。因此，那个菜鸟程序员一开始就应该编写如下伪代码。

示例 **关闭文件的程序伪代码**

```
打开主文件。
无限循环
    读取文件中的一行内容。
    如果读入的行中没有任何数据，
        关闭文件。
        通知“失败”并返回。
关闭文件。
```

只需在伪代码中增加一行“关闭文件”即可。只要那个菜鸟程序员多写这么一条语句，就可以防止项目延期两周，也就不必支付延期赔偿金。当初那个菜鸟程序员就应该根据上面的伪代码编写如下程序代码！

示例 **关闭文件**

```
masterFp = fopen("master.dat", "r+");
for(;;) {
    file_position = ftell(masterFp);
    if (fgets(read_line, sizeof read_line, masterFp) ==
NULL) {
        unlock();
        fclose(masterFp);/* 就因为缺少这行代码，白白浪费了两周时间。*/
        return FALSE;
    }
    ……中略……
}
fclose(masterFp);
```

`fclose(masterFp);` 这短短一行代码直接决定了项目成败。因此，菜鸟程序员要牢记这一点：绝对不能出现打开文件却没有关闭的情况！

15.4 不要无视编译器的警告错误

如果程序本身有语法错误，编译器会在编译过程中发现并提示其存在。

1. 致命错误（fatal error）

2. 警告错误（warning error）

所谓致命错误通常指，如果不修复错误，程序就无法运行。但偶尔也会有些致命错误并不影响程序运行，而通常会在运行过程中产生问题，所以最好在测试过程中查找。

此处着重讨论警告错误。这种错误可能在程序运行过程中并不会引起什么大问题，或者根本不会产生问题。修复这种问题就意味着修复全部程序漏洞。

这种情况下应该怎么做呢？我在大型项目中做单元测试时，曾遇到每次编译都会出现警告错误的情况。当时同事们查看编译器说明文档，想要找到这些错误出现的原因。编译器说明文档里确实记录了相应的修复方法。

但编译器开发人员和说明文档的作者都不是无所不能的神仙，他们也只是会犯错的普通人。无论我们如何按照文档方法修复程序，都没有办法阻止警告错误的出现。

于是，我们又尝试用其他编译器编译程序。使用其他编译器编译时，完全没有出现那些警告信息。因此，我们判断导致警告错误出现的罪魁祸首是编译器本身。

综合测试完成后，我们开始进行业务测试。在开展手工作业的同时，开始逐渐向用电子化系统实现全自动化工作模式转变。之后某天，电子化系统突然陷入瘫痪，结果当然引发一片混乱，订货公司甚至提出要完全废止电子化系统的引进。

我们整个团队开始通宵分析原始代码，但始终找不到问题所在。突然，大家提出一个想法：不妨试试以特别不规范的数据作为输入值。然后我们开始尝试输入那些日常工作中几乎不可能出现的数据，从非常小的数值到非常大的数值，甚至把一些完全不是数值的字符也输入为数值数据。经过种种可能的尝试，我们终于发现了问题。

由于输入了我们意料之外的非常大的数值，导致存储位置溢出、文件混乱，最后导致整个系统瘫痪。这种现象称为缓冲溢出或数据溢出。

我们最开始使用的编译器是如何预测并警告可能出现这种问题的呢？原因无从得知。也许连编译器开发人员和说明文档的作者也并不知情吧。但可以肯定的是，如果我们当时没有无视编译器的警告错误，就可以事先防止系统瘫痪。

15.5 掌握并在编码时防止运行时错误

程序运行过程中出现的错误称为运行时错误，这种错误不同于编译错误和逻辑错误（程序流程漏洞引起的错误）。

编译错误主要是语法问题引发的，逻辑错误主要是程序逻辑或算法的设计缺陷引发的，而运行时错误则与运行时环境紧密相关。

例如，典型的运行时错误——栈溢出是由于操作系统限制栈的大小而产生的。换言之，只要计算机环境发生变化，栈的大小也会发生变化，这类问题有可能不再出现。只要认清运行时错误的种类，并在编写代码时注意避免这些错误即可。编译器说明文档详细记录了运行时错误，所以最好事先阅读。下面详细讲解其中两个最具代表性的运行时错误。这两种错误非常常见，只要能够避免二者的发生，就可以编写相当稳定的程序。

15.5.1 栈溢出

计算机用栈这种数据结构管理临时存储空间。程序中使用的自动变量（大部分变量属于此）在被声明的同时就被保存到栈，而一旦脱离自动变量使用范围，就会被栈释放。查看以下代码。

示例 **变量保存于栈**

```
int main(void) {
    int var1;    /* 栈中保存变量var1 */
    {
       int var2; /* 栈中保存变量var2 */
    } /* 栈释放var2 */
    int var3;    /* 栈中保存变量var3 */
} /* 栈依次释放var3、var1 */
```

如上所示，变量在栈中随时保存或释放，所以没有必要将栈设为无限大。以实际生活中的某个仓库为例思考这个问题。如果该仓库中的货物随时进出，而并非不间断地堆积货物，那么只要保证仓库的大小略大于货物进出过程中的最大堆积量即可。与之类似，栈就是变量随时进出的场所，所以大小可以受限。

而问题正出在栈的大小受限这一点上。各操作系统都对栈的大小进行了限制，虽然现在这种限制程度略有放宽，甚至一部分操作系统允许用户自主控制并调整栈的大小，但处理大容量数据时仍可能发生栈溢出。例如，开始在栈中保存自动变量后，一旦存储的变量大小超出栈的大小，就会发生栈溢出。如果出现栈溢出，操作系统会强制终止程序。因为如果栈溢出后程序仍然继续运行，会侵犯栈之外的空间，并影响其他程序。

这种栈溢出常见于使用大数组或调用递归函数的情况。如下使用非常大的数组时，该数组占用了栈的大部分空间，可供其他自动变量存储的空间相对不足。我们将对这种情况进行单独说明。

示例　**递归函数**

```
int array[500][500];
int recall(int sum, int count) {
    int average;
    ……中略……
    recall(10);
}
```

如上所示，使用不断调用函数本身的递归调用后，就会如图 15-1 所示，栈内不断累积 count 变量和 sum 变量。随着调用次数的增加，累积变量的数量也在增加，结果可能会在某一时刻超出栈的承受范围。如果无限调用递归函数，一定会出现栈溢出。递归调用次数越多，出现栈溢出的可能性越大。

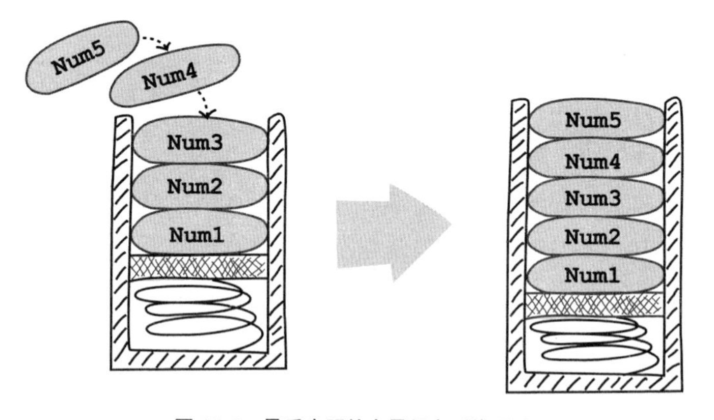

图 15-1　最后声明的变量保存到栈顶端

因此，使用递归调用时，一定要细致检查出现栈溢出的可能性。特别是并未准确限制递归调用的次数，而递归只有在满足某个条件时才会终止的情况下，这种检查更为必要。如下示例所示。

示例　**退出条件决定递归调用次数**

```
int recall(int sum, int count) {
    int average;
    ……中略……
    if(count == sum) {/* 退出条件(exit condition) */
        return average;
    }
    recall(10);
    count++;
}
```

该代码的退出条件是 count 与 sum 的值相等。如果 sum 的值较小，这段代码完全没有问题。也许程序员已经假设 sum 值不会太大。但假如 sum 值非常大，会出现什么呢？如果 sum 值是 50 000，count 是 1 呢？该函数就会被调用 50 000 次。在此期间，average 变量就会在栈中累积保存 50 000 次。不，准确地说，是累积保存到栈溢出为止。

像这样，如果递归调用的次数并不只是事先定好的数值，而是根据条件限制随时可能变化的数值，那么出现栈溢出的可能性非常高。这种情况下，最好在函数内部添加限制调用次数的语句。需要牢记，即使现在没有立刻出现多次调用，随着程序运行状况的变化，条件也可能发生变化。

15.1.2　除以 0

除以 0 错误的原理非常简单。如下所示，将某数除以 0 的情况会触发该错误。

```
int num = 10;
num = num / 0;
```

没有程序员会故意用0除某数，但在非常复杂的代码中，可能出现除数偶然为0的情况。

假定需要编写一个处理输入值的程序，该程序的输入值最小为1。程序员经常会忘记在程序中明确规定这一条件，一旦用户输入0，并试图用该输入值作为除数进行除法运算，就会触发错误。

另一种情况常见于控制语句。试想，在for或while语句中，用计算循环次数的变量（计数器）作为除数，与其他变量值做除法运算。难道没有计数器为0的情况吗？倒序计数时又会怎样呢？如下示例所示。

示例　**存在除以0的可能性**

```
int counter = 100;
while(counter > -10) {
    ……中略……
    average = sum / counter; /* 存在除以0的可能性 */
    ……中略……
    counter--;
}
```

该代码中的counter的值迟早会变为0，也就是说，迟早会出现除以0的情况。这种情况大多潜藏在复杂逻辑中，很难把握。这就要求程序员清醒认识到，除以0的情况随时可能出现，并为防范这种情况的出现而细致检查程序所有可能的运行情况。

15.6 用静态变量声明大数组

C 语言根据变量的生存周期、影响范围和存储位置的不同，将变量分为几类，如表 15-1 所示。

表 15-1 C 语言存储类型

变量修饰符	变量名	存储位置
extern	外部变量	存储于堆
static	静态变量	存储于堆
auto	自动变量	存储于栈
register	寄存器变量	存储于 CPU 的寄存器

以上就是存储类型。

除特别用 extern、static、register 声明的变量外，其他所有变量均为自动变量。因此，下列声明语句

```
int number;
```

与如下声明语句具有相同含义。

```
auto int number;
```

问题就在于这个自动变量。自动变量存储于以栈形态管理数据的内存。嵌入式系统等部分常用操作系统中，规定的栈较小。因此，如果一个程序用到的所有自动变量的总和超出栈的大小，就会触发栈溢出，进而导致程序异常终止。

变量最大通常不会超过 4 字节，而栈大约可以存放 18 000 个变量。一个程序使用的变量个数不会超过 18 000 个，最多使用几十个到几百个变量就足够了。

而数组则不同。需要处理大量数据时，通常会使用数组。数组包含的元素个数一般为几十个到几百个。随着数组维数的增加，数组包含的元素，即变量个数以乘方形式增加。以下面声明的三维数组为例。

```
long int array[100][100][100];
```

该数组的元素个数为 100*100*100=1 000 000，每个元素都是 long int 型变量，占据 4 字节。因此，该数组的总体大小为 4 字节 × 1 000 000 个元素 =4 000 000 字节。此时，数组大小超出栈的大小，运行过程中，程序会因为发生栈溢出而异常终止。

该问题的解决方法很简单。将数组声明为静态变量而非自动变量即可。

```
static int array[100][100][100];
```

提示

“用栈的形态管理”的意思是，像纸牌一样，在上方一层层整齐叠放。因此，最后声明的变量位于栈的最顶端，而释放变量时同样从最顶端开始，逐层释放。

如果声明为静态变量，那么数组的存放位置就是堆，而不是栈，也就不会出现栈溢出。并不只有数组大小大于栈时才能将数组声明为静态变量，即使数组小于栈，只要数组本身可能占据大量栈空间，就最好将数组声明为静态变量。这样可以保证有足够的空间，将数组之外的其他变量声明为自动变量并正常使用。

但管理静态变量与模块化原则相冲突，所以应该慎重对待是否声明静态变量的问题。

15.7 预留足够大的存储空间

我最开始接触计算机时，RAM 容量小得可怜。具体大小记不清了，应该在 64 kB 左右。当时，游戏开发人员使出浑身解数，只为尽可能高效利用 RAM。有人试图用最短的机器语言编写最高效的程序，还有人用汇编语言编程的同时，也会特意用机器语言编写其中“最耗”内存的部分。当时甚至还有“一行代码”比赛，内容就是看谁能够用一行代码编写占内存最少、最酷炫的程序。

随着时间的推移，内存价格逐渐降低，容量也在迅速扩大，人们不必再竭尽全力节约内存。例如，C 语言中用于存储字符串的数组长度没有必要与字符串长度相吻合。人们完全可以将数组容量定义得足够大，更准确地说，应该是最好那么做。因为一旦字符串长度超出内存大小，程序就会产生问题。如果存储的字符串超出指定内存位置，数据之间可能发生冲突，由此导致程序安全大打折扣。

```
char inputString [80];
```

数组定义如上所示，在该数组 inputString 存入长度超过 80 个字符的字符串时，会出现各种问题。从根本上解决问题的方法是，在“有效性检查”的过程中，检查输入字符串是否超出对应内存空间的大小；另一种方法是，确保定义的内存空间远大于预期的用户输入值。不可否认，随着内存的增大，处理速度会逐渐变慢，但一般大小的内存引起的速度降低并不会特别明显。

例如，用户一般输入的字符串长度为 80 个字符，那么定义时就应该预留 2~3 倍甚至更多字符串存储空间。

```
char inputString[800]; // 预留的存储空间大小是预期输入长度的10倍。
```

这种做法究竟是不是资源浪费呢？答案只有在出现异常情况时才能真正体现。一旦用户违背了“只能输入 80 个字符”的规定，连续几秒内始终按着键盘，那么上述代码就能发挥自己的真实价值。虽然是老生常谈，但我仍要强调，首先要验证输入值的有效性，即首先检查输入字符串的长度、内容是否在有效范围内。并且为了防范省略或遗漏检查过程的情况，应该考虑事先预留足够大的存储空间。

15.8 注意信息交换引发的涌现效果

我听说日本有一位研究机器人的科学家，他用简单的人工智能程序开发了一些小型机器人，这些机器人之间可以进行信息交换。有一天，突然发生了一件科学家始料未及的怪事：机器人纷纷离家出走了。科学家不仅没有预料到会出现这种事情，而且根据自己编写的程序逻辑看，这种事情也完全不可能发生。但事实摆在眼前，问题是什么呢？程序有问题吗？可能是，也可能不是。

我偶然听到这个传闻时，脑海中出现了一个想法。当时我正在某个公司参与编写安全软件相关资料，所以萌生的想法与信息安全相关：程序单元层面可能存在完全无法解决的问题。换言之，无论怎样强化个别软件的安全级别，无论怎样声称单个程序绝对不会出现问题，系统层面总可能出现意想不到的状况。

这与复杂系统理论中的一个现象非常类似。程序单元之间进行信息交换的过程中，可能出现信息丢失，也可能新增冗余信息，这一点多少可以预见，并成为广为人知的安全问题。这种问题可以通过在各程序单元中检查信息有效性得到解决，也就是用检查输入数据长度的方式校验。

但即使如此，系统层面仍可能出现问题。因为程序单元之间进行信息交换的过程中，可能引发涌现性。涌现性指的是能够引起意想不到的效果的性质，是复杂系统相关研究领域非常常见的词汇。程序单元之间通过交换包括数据、文字消息在内的信息形式联系在一起，之后，其组成的系统单元或上层系统都具有与复杂系统相似的特性。虽然如果现在主张“系统单元可以视为复杂系统，并且可能产生涌现性”，会有很多人反驳说这是无稽之谈，但至少从我目前的经验看，这是可能的。

那么如何预防这种涌现性现象引起的问题呢？目前还没有可行的对策，但存在一种沿用至今的解决方式，即系统层面的综合测试方法。例如，将包含 10 个相互联系的程序单元称为综合系统，首先在这一层级进行综合测试；然后将这种系统聚集为整个软件系统，在该层级再次进行综合测试；之后将其应用于实际业务，在人工交互阶段再次进行严格的综合测试。以这样严格的综合测试为基础，可以在一定程度上发现并预防涌现性现象，但这要求在测试过程中投入与软件开发过程同样多的资源。

第 16 章

提升生产效率所需编码准则

16.1 在对立关系中事先确定侧重于哪一方

16.2 慎重采用最新工具

16.3 记住所有标准库

16.4 最大程度划分模块

16.5 明确区分术语

16.6 明确区分结构体、枚举体、共用体

16.7 明确区分概念

16.8 明确区分对象、类、实例

16.1 在对立关系中事先确定侧重于哪一方

对立关系指的是，选择两个策略性目标之一，则无法追求另一个目标的实现。例如，一旦决定采用值传递的方法保障程序安全性，就无法同时采用引用传递的方法追求程序性能的优化。

使用C语言编写程序时，经常会陷入这种两难的对立关系中。使用位运算符有助于提高处理速度，但同时会损坏系统安全。代码长度缩短后，可读性相应变差。而要想编写易于理解的程序，无论是性能还是程序编写耗时方面，都会受到相应的影响。事实上，本书提出的几乎所有准则都可以代入对立关系，即牺牲某一方面以换取另一方面的关系。

这种对立关系中，侧重于哪一方面、牺牲哪一方面的选择在一定程度上与价值观有关。要想侧重于增强安全性，就要承受性能方面的损失；而要想侧重于提升性能，就不得不在一定程度上牺牲安全性和可读性。标准的做法是，应当事先规定在对立关系中选择侧重于哪一方面。大型项目更应如此。如果一个项目中有的部分侧重于性能，有的侧重于其他方面，最后的结果往往是“竹篮打水一场空”，甚至可能严重降低生产效率。因此，项目经理、系统架构师、系统分析师、程序员、码农等应该逐一列举处于对立关系的各个对象，从中选择更希望侧重的一个方面，并在项目流程中始终坚持自己的选择。

从整体看，本书的观点是牺牲性能，追求可读性、明确性、单纯性、精确性、安全性，但这并不意味着这种观点是绝对正确的。有时，为了追求性能的极端最大化，就不得不在一定程度上牺牲可读性等方面。只是在一般的程序运行环境中，牺牲性能反而是更好的选择。特别是计算机处理性能发展迅速的现在，即使在一定程度上牺牲了性能，也不会影响用户体验。因此，我们通常应该选择牺牲性能，本书的观点也正是基于这一立场得出的。虽然牺牲性能以追求其他价值的效果看似更好，但实际业务中，应该选择哪一方面是负责编写程序的各位需要自己决定的事情。

16.2 慎重采用最新工具

最初学习编程时，我曾经在工作中尝试使用各种工具。与现在相比，当时的开发环境非常简陋，甚至连最简单的编辑器都很少见。当时只有记事本或 vi 这种最普通的编辑器。之后，我尝试使用过各种编辑器，前辈们起初会指责我只知道挑剔工具、做表面功夫。后来他们发现，我使用新工具后，生产效率大幅度提高，于是开始三三两两地和我一起使用最新的编辑器。现在，优秀的开发工具种类繁多。使用不同 IDE 可能导致生产效率出现明显差异。因此，我们应该抱着挑剔的态度看待使用的工具。

不久前，我在开发人员论坛上看到了一篇有趣的文章。乙方职员抱怨，甲方负责工作的组长对于最新的开发工具知之甚少。他甚至认为，这位组长可能导致整个公司陷入危机，因为软件开发项目受其影响无法正常进行。我认为，这位职员并非危言耸听。

我一直强调，编程类似于写书，敲代码就像是翻译。处理相同内容，用文字处理器编写文字明显比直接写在纸上更高效（虽然可能缺少一些真情实感）。翻译也是如此。与用文字处理器翻译文章相比，直接用计算机辅助翻译工具可以提高 50%~200% 的生产效率。

因此，我们应该始终以挑剔的眼光看待工具，寻找更好的扩展应用、更好的开发工具，并毫不犹豫地将其应用于日常工作。即使原有的工作方式已经很顺手，也不惧做出改变。但需要注意，应用新工具时需要慎重。本书其他章节提到过，不要仓促地应用新的工具或方法论，因为它们有可能起到反作用。锋利的斧子固然有用，但首先要具备能够挥动斧子的力量。

16.3 记住所有标准库

C 语言提供的库很多，没必要记住全部。使用集成开发环境可以轻松查找需要的库，但如果可以记住库提供的各函数使用方法，可以明显提高生产效率。

要想灵活使用英语，就要掌握英语国家人们常用的大约 2000 个单词，这差不多是中学生水平。

同理，要想使用某种编程语言，就应该牢记该编程语言提供的标准函数。

虽然现在的集成开发环境很先进，即使没有记住函数也多少可以在界面中找到想要的标准函数并使用。但仔细思考可知，这种做法实际上完全类似于在文字处理器中按下某个按键，调用电子词典并逐一查找单词，再将这些单词组合为语句。逐一查找 boy、girl、return、home 这些单词并了解其含义，再用这些单词造句，这要浪费多少时间呀！

因此，要想成为经验丰富、工作效率高的程序员，至少应该牢记标准库。具体来说，应该牢记标准库提供的各函数名、使用形式、使用示例等。

同时，最好还能再记住一两个与自己业务关联度高的常用库。例如，游戏开发程序员必须使用虚拟引擎，那么应该牢记虚拟引擎提供的函数。

16.4 最大程度划分模块

每每看到积木，我总是不禁感叹其美妙。各种小小的、看似互不相干的玩具块，经过相互配合、排列组合后，竟可以组成各种形状。这完全可以与仅仅几百种原子就能组成整个世界的奇观相媲美。原子聚集组合为分子，之后形成细胞、身体组织和器官，乃至整个身体。然后，一幅幅身躯再聚集形成地区社会、国家，进而形成整个世界。

我有时会想，程序的组成形式不也是如此吗？这世上需要的所有程序都可以视为数百个最简单的模块经过各种排列组合，相互配合组成的。即使不能做到原子程度，至少能实现积木块程度的模块，那么不也可以组装为各种程序吗？且慢……原子不是比积木块更小吗？那么，如果程序模块也可以更小，甚至足够小，是不是可以得到更加丰富多彩的组合形式呢？

是的。一个独立的千行代码程序没有办法组合为各种形式，但将其划分为两个模块就可以得到至少两种程序，划分为 3 个模块可以组合为更多程序，4 个模块的话可组合的程序更多。模块划分越细，可以组合得到的程序数越多。而且，就像原子可以组成分子一样，小模块互相组合也可以形成上层模块。

由此可见，设计系统或程序时，应该最大限度实现模块化。这不仅是为了强调模块化的重要性，而是要强调尽可能划分更小、更细的模块才更为重要。

假设某项目最初由 5 个左右的程序单元组成整个软件系统，但根据划分模块原则，应该将其拆分为上百个模块。只有这样，日后有新需求时，才能通过重新组合各模块或修改其中一部分模块以得到不同模块，从而构建全新程序。只由一两个程序单元组成的项目中，这种做法可能收效甚微；但对于大规模项目，无论提升生产效率还是对新需求的应变速度，都可以收到出人意料的显著效果。

目前为止，我所讲的不仅是模块化问题，而是通过将程序拆分为尽可能小的单位实现最大化、甚至是极端化的模块化问题。这种最大模块化的方法关系到生产效率的提升，我相信经过广泛的讨论和改进，它迟早会成为一种优秀的方法论而得到普遍应用。

16.5 明确区分术语

沟通是直接影响生产效率的一个重要因素，沟通顺畅才能有更高的生产效率。如果术语定义不够明确，就很难实现顺畅沟通。下列示例的术语定义就不够明确。人们常用 struct 定义用户自定义数据类型，但关于这种数据类型的术语定义尚未整理成型。如下代码所示。

```
struct newDataType {
   char *a;
   char *b;
};
```

该声明语句生成了什么呢？结构体还是结构？如果都不是，那究竟是什么呢？人们对该声明语句生成的新的用户自定义数据类型有着各种称呼，有人称其为结构，有人称其为结构体，还有人称为结构型。现在声明一个变量。

```
struct newDataType newVar;
```

此处的 newVar 应该称为什么呢？有人称其为结构体，有人称其为结构型变量，还有人称其为结构变量，甚至有人仅称为变量。

需要注意，此处的“结构体”一词既被用作称呼自定义数据类型，又被用作称呼该数据类型声明的变量，非常容易混淆。

参与项目开发的人员沟通渠道数目随着人数的增多呈几何级数增长。两人参与的项目，其沟通渠道只有一条；3 人参与时，需要 3 条沟通渠道；4 人时需要 6 条，五人时将达到 10 条。这种情况下，如果没有事先明确定义术语，沟通时就会不断受到干扰，影响沟通效率。

因此，开发多人参与的项目前，应该先统一术语。可以在黑板上写下可能用到的术语，或者编撰一本指南。甚至可以直接购买一本术语词典，并参照其中内容统一术语使用规范。

16.6 明确区分结构体、枚举体、共用体

前文已经介绍了明确术语的重要性，本节要强调的是，C 语言中与结构体、枚举体、共用体相关的术语并不统一。此时，明确定义这些术语更为重要。

如表 16-1 所示，明确区分结构体、结构体数据类型、结构型变量并用统一术语称呼，可以明显提高沟通效率。枚举体、共用体也是如此。

表 16-1 结构体、枚举体、共用体相关术语定义

术语	定义
结构体	包括结构体数据类型和结构型变量
结构体数据类型	用 struct 声明的用户自定义数据类型，可以简称为结构型
结构型变量	用于称呼结构体数据类型声明的变量
枚举体	包括枚举体数据类型和枚举型变量
枚举体数据类型	用 enum 声明的用户自定义数据类型，可以简称为枚举型
枚举型变量	用于称呼枚举体数据类型声明的变量
共用体	包括共用体数据类型和共用型变量
共用体数据类型	用 union 声明的用户自定义数据类型，可以简称为共用型
共用型变量	用于称呼共用体数据类型声明的变量

下面以一个简单的结构体为例，实际应用这些称呼。假设有如下两个声明语句。

```
// 第一个声明语句
struct newDataType {
   char *a;
   char *b;
} newVar0;

// 第二个声明语句
struct newDataType newVar1;
struct newDataType newVar2
```

此处的 newDataType 是结构体数据类型的名称，newVar0、newVar1、newVar2 表示结构型变量的名称。4 者均可统称为 newDataType 结构体。

16.7 明确区分概念

明确定义并使用术语很重要，而明确概念同样重要。

“对象”就是容易混淆的概念之一。对象可以视为像设计图一样的类，也可以视为将设计图实体化后的实例。类包含方法和属性，将类实体化后得到的实例也包含方法和属性。查阅计算机相关原著或国内著作可以发现，这一概念的含义并不明确，时有混淆。换言之，并不区分类包含的方法和属性以及实例的方法和属性，只将其统称为方法、属性，容易混淆。这种概念的混淆极易导致很难理解书中内容，进而在日后编程时发生混乱。因此，构建精确的概念至关重要。那么，应该如何构建概念呢？

1. 随身携带术语集。

2. 反复阅读同一本书。

我想再次强调，码农就是译者，程序员就是作家。就像译者和作家一样，码农和程序员也应该对术语词汇、语句文章保持敏感。

16.8 明确区分对象、类、实例

既然前文提到了应该明确概念，那么下面明确与对象相关的概念，如表 16-2 所示。

表 16-2 对象、类、实例的定义

术语	定义
对象	包括类和实例
类	按照生成对象的语法定义的用户自定义数据类型，相当于实例的设计图
实例	根据类生成的实体。虽然经常将实例称为对象，但二者实际上是不同的概念，应该区分对待。比较好的方法是用“实体”代替“对象”这一称呼，或直接称其为实例

与属性和方法相关的概念区分也需要考虑。类的属性和实例的属性互不相同，虽然实例的属性是根据类的属性定义的，但二者的值的变更方法不同。同理，类的方法和实例的方法也互不相同，但常常有人在使用时并不对这些概念加以区分。如下例所示。

“变更对象属性。”

有人说这句话时，他的意思是指变更类的属性还是变更实例的属性呢？表意并不明确。虽然参考对话情境或上下文脉络可以推测具体含义，但更好的方法当然是像下面这样明确指出具体内容。

“变更实例属性。”

应该用这种方式表述。

总之，我们需要明确区分对象、类、实例，同样也需要明确区分类的属性、实例的属性、类的方法、实例的方法等各种称呼。

附录

参考网站及搜索方法

下面给出一些具有代表性的网站，它们详细介绍了业内广泛使用的各种编程语言相关编码风格。除这些网站外，还有很多网站介绍关于编码风格的零星资料，此处并未收录。

各位试图查看下列网站时，可能有一部分已经不存在了。此时，可以尝试使用搜索引擎作为辅助工具。

那么，应该用何种关键字搜索呢？我不具备翻译除英语之外的其他语种的能力，所以此处只介绍英文资料。现有的英文资料已经足够丰富，各位搜索时最好使用下面这些关键字。

- coding style
- coding standard
- code convention
- coding guideline
- programming style

显而易见，使用的关键字仅限于 code、coding、programming 和 style、guideline、convention、standard。前三个单词与后面四个单词任意排列组合，能得到共 12 种写法，比如 programming standard。用这种组合的关键字搜索，可以查找到非常多的资料。通过 coding style 和 coding standard 组合的搜索结果最多，因为业内广泛使用这些关键字。

除此之外，还可以搜索在编程语言名称之后添加 style、guideline、convention、standard 等单词形成关键字。

- C# style

- C style
- C++ style
- Java style
- JSP style
- Java beans style

按照这种形式，每种编程语言都可以有 4 种搜索关键字与之相对应。例如，需要查找 Java 相关资料时，可以搜索下面这些组合关键字。

- Java style
- Java convention
- Java standard
- Java guideline

而且，最好不要用复数形式，即不要添加 s，因为有些网站可能并没有使用复数形式。因此，与 Java conventions 相比，最好使用 Java convention 作为关键字，这样可以搜索更多相关网站。

最后，还有一种方法可以搜索与各自的项目属性相吻合的编码风格。以编写操作系统内核为例。想要搜索编写内核相关的编码风格，可以按照如下形式，在关键字中包含项目目标、属性、对象即可。

- kernel coding standard
- kernel coding style

例如，如果需要查看编写组件时所需编码风格，可以搜索下列组合关键字。

- component coding style

想要编写符合 MPEG-3 或 MPEG-4 标准的程序时，可以按以下形式组合搜索。

- MPEG-3 coding standard
- mp3 coding convention

目前，Web 程序员人气颇高。他们一般如何搜索资料呢？如下所示。

- Web coding style
- Web programming standard

以下为网站目录。再次强调，此处并未收录全部网站，各位可以用上述方法查找更多资料。

■共用资料

How To Write Unmaintainable Code

http://www.mindprod.com/unmain.html

GNU Coding Standards

http://www.gnu.org/prep/standards.html

■ADA

Ada 95 Quality and Style Guide: Guidelines for Professional Programmers

http://www.iste.uni-stuttgart.de/ps/ada-doc/style_guide/cover.html

GNAT Coding Style

http://gcc.gnu.org/onlinedocs/gnat-style/

■C

Recommended C Style and Coding Standards

http://www.psgd.org/paul/docs/cstyle/cstyle.htm

Kernel Korner: Proper Linux Kernel Coding Style

http://www.linuxjournal.com/article.php?sid=5780

■C++

C++ Coding Standard

http://www.possibility.com/Cpp/CppCodingStandard.html

Coding Conventions for C++ and Java applications

http://www.macadamian.com/codingconventions.htm

C++ Coding Style: My Code Style

http://www.flipcode.com/articles/article_codingstyle.shtml

Coding Guidelines for Integral Constant Expressions

http://www.boost.org/more/int_const_guidelines.htm

CStupidClassName

http://www.jelovic.com/articles/stupid_naming.htm

General C++ Coding Standard at the NFRA

http://www.nfra.nl/~seg/cppStdDoc.html

High-Integrity C++ Coding Standard Manual - Version 2.1

http://www.programmingresearch.com/solutions/HICPPCM/

Programming in C++, Rules and Recommendations

http://www.doc.ic.ac.uk/lab/cplus/c++.rules/

UWYN C++ Coding Standard

http://www.uwyn.com/resources/uwyn_cpp_coding_standard/index.html

Wildfire C++ Programming Style With Rationale

http://www.chris-lott.org/resources/cstyle/Wildfire-C++Style.html

Mozilla Coding Style Guide

http://www.mozilla.org/hacking/mozilla-style-guide.html

■ C#

C# Coding Style Guide

http://www.csharpfriends.com/Articles/getArticle.aspx?articleID=336

■ Java

Writing Robust Java Code

http://www.ambysoft.com/javaCodingStandards.pdf

ChiMu OO and Java Development: Guidelines and Resources v1.8[mlf-980228]

http://www.chimu.com/publications/javaStandards/index.html

Design by ContractTM for JavaTM Using JMSAssertTM

http://www.mmsindia.com/DBCForJava.html

Java Programming Style Guidelines Version 3.1

http://geosoft.no/development/javastyle.html

How to Write Doc Comments for the Javadoc Tool

http://java.sun.com/j2se/javadoc/writingdoccomments/index.html

Java Glossary: Gotchas

http://mindprod.com/jgloss/gotchas.html

NETSCAPE'S SOFTWARE CODING STANDARDS GUIDE FOR JAVA

http://developer.netscape.com/docs/technote/java/codestyle.html

Tips for maintainable Java code

http://www.squarebox.co.uk/javatips.html

Draft Java Coding Standard

http://g.oswego.edu/dl/html/javaCodingStd.html

Java Language Coding Guidelines

http://www.horstmann.com.bigj/style.html

■PHP

Best Practices: PHP Coding Style

http://www.phpbuilder.com/columns/tim20010101.php3

*PHP Coding Standard**

http://alltasks.net/code/php_coding_standard.html

■Pascal & Delphi

Delphi 4 Developer's Guide Coding Standards Document

http://www.econos.de/delphi/cs.html

■适用于Web开发人员的编码风格

The WDVL Style Guide

http://wdvl.internet.com/Authoring/Style/Guides/WDVL.html

Speling Errers in You're Sights

http://wdvl.internet.com/Authoring/Style/Guides/Writing/

Style Guide for online hypertext

http://www.w3.org/Provider/Style/Overview.html

CSS Coding Style

http://www.bitworking.org/news/CSS_Coding_Style

主要参考文献

- 吕寅春,《好的编程习惯》，Gilbut，首尔，2005
- 崔在圭,《编程入门》，信息文化社，2003
- Steve McConnell, *Professional Software Development*, Addison-Wesley Professional, 2003
- 《C 陷阱与缺陷》
- 《C 程序设计语言》(第 2 版)
- B.W.Kernighan and P.J.Plauger, *The Elements of Programming Style*, McGraw-Hill, 2nd Ed., 1978
- Ian.F.Darwin, *Checking C Programs with lint*, O'Reilly & Associates, 1989
- S.C.Johnson, *Lint, a C Program Checker*, USENIX UNIX (12) Supplementary Documents, November 1986
- S.I.Feldman, Make, *A Program for Maintaining Computer Programs*, USENIX UNIX Supplementary Documents, November 1986
- 《C++ 大学教程》(第 4 版)
- 《C 语言大学教程》(第 3 版)

后记I：从“图书出版”角度解读软件开发

为什么看起来如此复杂？

20世纪60年代，大规模软件开发曾经遭遇瓶颈，经常出现软件开发实际耗时超出预期的情况。为了解决这个问题，人们当时提出了结构化程序设计方法，并且发布了可用于实现这种方法的编程语言，诸如PASCAL、ADA等。之后再次遇到瓶颈，随之出现的是面向对象的程序设计方法。并推出与该方法相对应的编程语言，其中C++和Java最具代表性。再次遇到瓶颈时，出现了脚本语言、可移植性高的语言、更近似人类语言的编程语言等。整个过程仿佛拾级而上。

但请各位仔细思考。遇到瓶颈的根本原因难道不是看待软件开发的角度存在问题吗？人们只关注之前的方法存在的问题，并集中全部精力提出更多样的方法，但其实这种看待问题的角度本身就是最严重的问题。以想要解开乱糟糟的线团为例。假设一个线团与其他线团胡乱缠绕在一起，只要能够从中彻底解出一个线团，那么其他线团也可以迎刃而解。如果像亚历山大和哥伦布那样——直接用剪刀剪断线团或者敲碎鸡蛋使之站立——使用简单粗暴的方法，那么之前一直觉得很难的问题可能很快就能解决。从这一角度出发得出的方法就是方法论（methodological）方式。换言之，我们应当研究如何设立一种方法论，使其作用能够等价于那颗击中德古拉的银色子弹，由此一举解决散落在软件开发过程中的各种问题。

但换个角度看，错综复杂地缠绕在一起的线团有时可能会出人意料地容易解开。并不是解决问题的方法存在问题，而是看问题的角度有问题。换个角度可能会发现，线团只是以一种非常单一的形式交织在一起，或者可以找到解开线团的其他方法。这种情况下，方法论反而成为一种负担，而转换看问题的角度本身则成为解决问题的第一步。

因此，我认为大家应该转换看待软件开发的角度，将其从原有的建筑工程角度转换到图书出版角度上来。

“编写”软件而非“开发”软件

我从事各种类型的文章编写工作已有 10 年。在此期间，陆续出版过一些计算机相关图书，并始终关注信息技术相关内容。我偶尔也会敲些代码，但已经不再靠编程养家糊口。一直以来，我都在研究各领域的信息技术资料，比如利用神经网络原理进行模式识别、将信息理论和物理学结合应用于股市投资、利用蚂蚁习性构建高效通信网等。对于这些无法提供经济收益的资料，我反而乐在其中。

这样一边著书一边阅读信息技术相关资料的过程中，我很早就产生了一个独特的想法：著书和编写程序实在太相似了。最近，人们常常将编程比作建筑，设计并制作程序的人就被称为架构师，也可以称为“建筑师”。但我认为，将编写程序比作写书、将优秀的程序员比喻为撰写者或作家更合适。

作家或撰写者写书时都要经历一个过程：首先提出想法，之后将其具体化，完成初稿后再仔细推敲。所谓推敲就是，将最初编写的原稿，即草稿中不完整的部分进行完善的过程。经过这个过程后，作者通常会和出版公司谈好合同，之后就会与出版公司的编辑进行沟通，并完成原稿的收尾工作。这一过程又称审读，即找出不通顺的语句和存在欠缺的资料等。虽然会因情况不同而略有不同，但大多数情况下，审读需要重复几个轮回。审读工作结束后，编辑会为了便于阅读原稿而打印清样。之后，再次对作者在整个过程中是否还有疏漏之处做最终检查。这一过程又称校对。校对工作结束后，出版社才会将原稿出版成书。以上所有过程统称为发行，发行过程又可以简单分为作者的编写过程、与出版社签约后的编辑过程。

图书出版方法之一是策划出版。这种方式并不是作者写完原稿、投递到出版社之后再与出版社签约，而是出版社从一开始就指定需要出版的书目，并将书写原稿的工作委托给作者，之后在始终保持沟通的基础上由作者进行编写。策划出版时，作者和编辑的分工不再泾渭分明，而是合作关系。从一开始，编写和编辑工作就同时进行。这一过程中，作者和编辑交流彼此的感想，讨论、思考、编写、验收原稿。虽然仍然由作者主导原稿编写工作，但编辑的职责同样重大。因此，即使初稿已经完成，仍然很少会有编辑满意。通常经过几次推敲之后才可通过。

现在，各位应该能够认识到策划出版和软件开发二者之间的相似之处了吧。编辑类似于项目经理，作家就像开发人员。发行图书类似于软件制作，编辑工作和项目管理类似，编写工作则类似编程。唯一的不同就在于，作家用的是自然语言，开发人员用的是人工语言。

最近，模式、敏捷性、重构、测试驱动开发等成为热门话题。而这所有话题在图书出版，特别是策划出版领域早已出现。

以“模式”一词为例。模式指的是一种积累而成的样式。作者可以模仿其他人书写的文章模式，阅读的文章越多，越会如此。有时还会专门阅读一些汇集优秀语句的书籍。

下面看“重构”。将软件开发领域中的“重构”一词放入图书出版角度看，它类似于校对、审读工作。虽然表面看不出什么不同，但内在的细微之处却被更新得更加完善。

“敏捷性”又是什么意思呢？策划出版领域中，很早就形成了可以迅速出版的方法。测试驱动开发也是如此。策划出版过程中，作者和编辑有时会从很短的文字开始，逐渐增加书的内容，并以这种形式完成编写工作。这种趋势使得各种方法很早之前就在出版领域成型，软件开发领域是在很久之后才总结出这些方法的。因此，将出版领域的已成型的方法直接应用于软件领域会很有帮助。

一直以来，我们将软件开发比作建筑房屋，之前还比喻为制造业。比作制造业的年代，生产效率、分工、模块化成为热门话题；而比作建筑的年代，强调模式、趣味性、高速性、重构。那么现在比作出版的话，又会怎样呢？会不会出现与软件开发相关的全新的热门话题呢？英语国家会将软件开发公司称为“出版商”。而在韩国，与图书出版业类似，软件开发也存在著作权问题，并且存在“软件发布”的说法。因此，无论是韩国还是其他国家，很早之前开始使用“出版软件”的概念。如果从制造软件、搭建软件的角度转换到出版软件的角度看待软件工作，会出现怎样的转变呢？会不会因此开启另一扇窗呢？现在，我们可以开始从新的角度讨论问题。

由项目编写者主导开发过程

将视角从开发软件转换为出版软件后，出现一种全新的方法。

测试驱动开发方法是为了实现敏捷开发而逐渐普及的。对于这种方法，我既抱着肯定的态度，同时也有否定的质疑。因为可以想见，测试驱动开发方法只适用于小型项目的代码编写工作，而对于大型项目的开发工作并不适用。这一推测的依据可以从与出版业的类比中得出。下面一起寻找测试驱动开发方法在大型项目上的可行性方案。

测试驱动开发可大致分为如下几步。

1. 最大化分割系统和程序。

2. 在最短时间内运行各分隔单元。

3. 确认运行后的程序单元是否存在问题。

4. 如果没有问题，则从第 2 步开始重复操作，直到整个程序单元完成。

测试驱动开发的优点在于，可以即时确认开发成果，进而增加程序开发趣味性，并且可以保证在验收时也可以得到类似效果。

那么，用写书或绘画比喻这种开发方式的话，会是什么结果呢？

1. 某出版公司决定将一本百科全书（系统）拆分为几册出版，并开始联系负责各分册的作者。考虑到每位作者擅长的领域不同，需要尽可能细化并压缩各分册内容。

2. 一位作者负责编写“旧石器时代史”，他写道：“旧石器时代使用石头。”

3. 作者再次检查这句话（编译器编译），发现表述不清，于是修改为“旧石器时代最早使用石头”。

4. 经过上述修改，作者确信没问题，但合作的编辑却指出，句子存在语法错误。作者反复推敲，最终决定改写为“旧石器时代的人类最早使用石头”。

5. 编辑终于认可了这句话，作者开始写下一句。之后从第 3 步开始不断重复，直到编写完整个文章为止。

6. 每位作者都这样完成各自负责的内容后，编辑将所有内容整合成百科全书，并在此过程中再次进行校对和审读（综合测试），最终出版发行。

这种测试驱动开发过程中，作者和编辑的对话内容大致如下。

“哎，这句话真乏味。”

“那，这么写怎么样？”

“还是没意思。”

“那，这样呢？”

“这个比前一个稍微好一点，但还是不怎么样，问题很多。”

“ 那，这样呢？”

……中略……

“这真的是我最后一次改写这句话了啊，你觉得怎么样？”

“太棒了！简直是大师水平呀！”

“真的吗？那我开始写下一句啦。”

这种工作方式有很多优点，比如，可以保证作者（程序员）从一开始就按照编辑（用户、验收者）期望的方向编写书籍（程序）。并且，如前所述，作者和编辑可以不间断地确认成果，工作也更有乐趣。

但这些工作真的完全有益于著述过程吗？用图书编辑术语表示，测试驱动开发就等同于“审读驱动编著”。这意味着，图书编写出版整个过程的中心在于审读而不是编著。

很早之前，出版业就存在这种审读驱动编著的方式。特别是编写童书时，原稿内容并不多，且作者本身在该领域的经验不足。此时，编辑和出版社并不十分信任作者，那么就会主要采用这种工作方式。也就是说，编辑多次确认作者原稿，与作者商议，调整内容主体方向，并不断丰富原稿内容。与测试驱动开发方式完全相同。

而一旦原稿内容很多，或者作者实力出众，出版社十分信任作者的工作能力时，就不会再采用这种方式。为什么呢？因为这种方式存在瓶颈。

一本几百页的单行本（集成项目）中，大约包含数十个章节（程序单元）、数百个段落（程序模块或函数）、数千个句子（程序代码行）。将这种内容按照章节或段落为单位分配给不同作者编写时，很难保证文风一致。

而且，作者也并不喜欢这种工作方式。大多数作者非常讨厌从事机械化工作，因为机械化方式无法处理充满艺术性、创造性的工作，而这些性质在著述过程中又是必不可缺的。虽然一些被称为“菜鸟作家”的人不得不用这种方式工作，但有一定能力的作家大多并不接受。

除此之外还有很多原因，最终导致以审读为主的编著方式只适用于特定领域、特殊情况。

虽然测试驱动开发的流行范围越来越广，但我认为，总有一天其局限性会显现。测试驱动开发中，软件开发组相当于文字工厂，程序员相当于熟练工，码农相当于初级工。由此可见，它并没有考虑软件开发过程中隐含的艺术性和创造性。测试驱动开发适用于以初级工为主体，需要大量编写内容很少的程序单元的情况。但如果不是这种情况，则很可能成为不当方法，导致整个进度延误。

那么解决方案是什么呢？其中之一就是采用出版业工作方式。出版业会联系一位有能力的人担任分册作者，然后给予该作者充分信任，并一直等待其完稿（程序编写完成）。原稿完工后，编辑和作者再进行协商，不断完善，之后进行校对和审读。

假设将其应用于程序开发过程，会得到如下结果。软件开发商或项目经理（出版社）联系所需编写的程序领域内“有能力的”程序员，并与程序员单独签约。程序员提交符合验收者需求的完整程序，负责验收的工作人员与程序员再次协商，确认是否存在需要完善的部分，如果存在则进行完善。程序员需要一直对该程序负责，直到项目正式发布（发行）。

如果非要为上面这种工作方式命名，那么应当称为“程序编写者主导的责任制开发”。

本书并不专门研究软件开发方法，所以对这一话题的讨论到此为止。但各位仍应尽可能搞清楚，为什么出版业未能广泛应用这种与测试驱动开发相媲美的工作方式。历史悠久的出版业走过无数弯路后，终于找到了最适合的工作方式。而我认为，应该将这种智慧结晶应用于软件开发工作。

因此，我们应该限制测试驱动开发的应用范围，仅将其应用于部分实际开发工作。同时，应该设立并推广一种方法，规定程序员在开发工作中要始终对自己编写的程序负责。

后记 II：从码农到程序员

有一种职业是同声传译，还有一种职业是笔译。从事这些职业的人将听到或看到的语言转换为另一种语言。有一种职业叫做码农，这些人将伪代码、流程图或其他需求明细转换为特定的编程语言。从这一点看，码农和同声传译或笔译的工作性质很像。

有人从事贸易工作的同时熟练掌握了英语，有人从事旅游业的同时熟练掌握了日语，还有人在设计潜水艇的同时熟练掌握了德语。这些人都掌握了与特定工作领域相关的语言，并将其用作解决问题的工具。从这一点看，他们类似于程序员。因为二者都独立寻找问题的解决方法，并用特定语言表示。而且，为了解决问题，他们都使用特定语言作为工具。唯一的不同在于，程序员使用的语言不是自然语言，而是 UML、流程图、伪代码，或 C、C++、Java、PHP 等。

试想，优秀的同声传译和笔译人员可以获得丰厚的待遇，其中待遇更为丰厚的人通常都在特定领域——IT、经管、法律、合同、专利等——达到了专家水平。而待遇更优于同声传译和笔译人员的是某些特定领域的专家，因为他们还熟练掌握了该领域必需的外语。例如，与擅长翻译专利材料的英语笔译人员相比，熟练掌握英语专利申请这种专业知识的人更受重视。

由此请各位思考，究竟要成为码农还是程序员。韩国虽然有很多码农，但真正的程序员并不多。此处的“程序员”指的是特定领域的专家，同时还擅于编写程序。退一步说，擅于编写程序的人如果能够在特定领域达到专业水平，也可以被认为是合格的程序员。就像在特定领域达到专业水平的同声传译或笔译人员一样。即使将符合上述两种情况的人都视为合格，韩国的“程序员”依然很稀缺。但韩国码农过多，由此出现“IT专业人才不足”的声音。“码农过多”的说法正源自“程序员不足”。

因此，每个码农都应该怀揣成长为程序员的梦想。专业是电算学、信息科学、计算机工程的码农，应该选择一个特定领域——无论是综合人工智能、ERP、专家系统还是股市投资人工智能算法——并努力在该领域达到专业水平。

虽然本书将“码农”或“程序员”统称为使用计算机语言进行编程的主体，但我始终想要强调的是，大家要努力成为有能力的程序员。要想实现这个目标，首先要打磨基本功，而其中最基础的一环就是本书介绍的编程惯例。

站在巨人的肩上
Standing on Shoulders of Giants
TURING
图灵教育
iTuring.cn

站在巨人的肩上
Standing on Shoulders of Giants
TURING
图灵教育
iTuring.cn